"黄石大冶湖生态新区多要素城市地质调查"(DKC-2018-7-1)项目资助
"黄石城市自然资源与生态环境地质调查"(DTCG-190413)项目资助

城市地质概论

AN INTRODUCTION TO URBAN GEOLOGY

主编：李国新　刘冬勤
副主编：钱利军　沈　军　杨伟卫　刘　徽

内容摘要

本书从城市地质基础、城市地质调查主要技术方法、城市地质环境背景调查、城市地质环境问题调查、城市地质资源调查、三维城市地质建模等方面阐述了城市地质工作的基本方法和手段，通过案例分析了湖北省黄石多要素城市地质调查的成果，为黄石市城市地质发展起到了指导作用。

本书可作为水文地质、工程地质、环境地质、岩土与地质工程等学科领域以及城建、规划、环保、水利、矿业、市政管理和国土资源等部门的科研与工作人员的参考书，同时可作为相关院校学生城市地质方面的教材。

图书在版编目(CIP)数据

城市地质概论/李国新等主编. —武汉：中国地质大学出版社，2021.12
ISBN 978-7-5625-5154-6

Ⅰ.①城⋯
Ⅱ.①李⋯
Ⅲ.①城市地质环境-研究-中国
Ⅳ.①X21

中国版本图书馆 CIP 数据核字(2021)第 263109 号

城市地质概论		李国新　刘冬勤　**主编**
	钱利军　沈　军　杨伟卫　刘　徽	**副主编**

责任编辑：唐然坤	选题策划：唐然坤	责任校对：徐蕾蕾
出版发行：中国地质大学出版社(武汉市洪山区鲁磨路388号)		邮编：430074
电　　话：(027)67883511	传　　真：(027)67883580	E-mail:cbb@cug.edu.cn
经　　销：全国新华书店		http://cugp.cug.edu.cn
开本：787毫米×1092毫米　1/16	字数：314千字	印张：12.25
版次：2021年12月第1版	印次：2021年12月第1次印刷	
印刷：武汉市籍缘印刷厂		
ISBN 978-7-5625-5154-6		定价：68.00元

如有印装质量问题请与印刷厂联系调换

编委会

编纂指导委员会

主　　任：胡清乐
委　　员：李正伟　吴昌雄

编纂委员会

主　　编：李国新　刘冬勤
副 主 编：钱利军　沈　军　杨伟卫　刘　徽
编　　者：郝　强　蔡恒安　欧莉华　徐　玮　陈　莹
　　　　　陈　宠　刘　筱　黄孝斌　武娇阳　尚世超
　　　　　王　帅　迟凤明　王亚男　王　宇　朱柳琴
　　　　　张超宇　李文涛　白少刚　高　扬　付　顺
参与单位：成都理工大学工程技术学院
　　　　　湖北省地质局第一地质大队

前　言

城市是构建在地质体上的,城市地质条件是城市生态环境存在与稳定的基本因素,是建设城市的物质基础。城市化的迅速发展引发了诸多城市地质问题,这些问题制约着未来城市的发展。城市地质工作是在城市及其周边地区或潜在城市化地区的特定空间范围内,综合考虑各种地质要素,研究其对城市发展所提供的地质环境、资源,所施加的约束条件以及城市发展对其产生的影响,为城市规划、建设和管理服务的地质工作。城市地质涉及区域地质学、水文地质学、工程地质学、环境地质学、第四纪地质学、地貌学、土壤学、地球物理学、地球化学、信息技术等多门学科领域。为解决和减少城市地区出现的地质问题或灾害,世界各地积极开展城市及周边地区的地质工作,解决对城市人口和财产造成的物理与财政损害。

与国外相比,中国的城市地质工作起步较晚。20世纪80年代以来,中国城市地质工作发展迅速,成效显著。国务院总理李克强在第十二届全国人民代表大会第五次会议上作的《2017年国务院政府工作报告》中提出了"统筹地上地下建设,加强城市地质调查""建立资源环境监测预警机制"。国土资源部2017年9月下发了《关于加强城市地质工作的指导意见》,提出要紧紧围绕生态文明建设和新型城镇化目标任务,全面落实节约资源和保护环境的基本国策,坚持尊重自然、顺应自然、保护自然,拓展地质工作领域,创新技术、产品和服务,补齐城市规划、建设与管理的地质工作短板。同年11月15日,在北京召开全国城市地质调查工作会议中,中国地质调查局发布了《城市地质调查总体方案(2017—2025年)》,提出要聚焦城市规划、建设、运行管理的重大问题,大力推进"空间、资源、环境、灾害"多要素的城市地质调查,开展重大科技问题攻关,搭建三维城市地质模型,构建地质资源环境监测预警体系,建立城市地质信息服务与决策支持系统。

2017年8月21日,黄石市人民政府与湖北省地质局举行了战略合作协商会,明确了共同开展黄石城市地质调查的目标,并向湖北省国土资源厅递交了《黄石市人民政府关于申报城市地质调查试点城市的函》。湖北省国土资源厅将"黄石市城市地质调查"项目纳入"湖北省城市地质调查示范"项目计划,并于2018年安排部署了"黄石大冶湖生态新区多要素城市地质调查"项目。该项目最终形成了《黄石大冶湖生态新区多要素城市地质调查报告(政府版)》《黄石大冶湖生态新区多要素城市地质调查报告(专业版)》《黄石大冶湖生态新区土地质量地球化学调查报告》《黄石大冶湖生态新区建设用地适宜性评价报告》《黄石城市三维地质模型建设方案》等成果。

《城市地质概论》一书就是笔者在多年的城市地质研究和基于以上项目调查成果的基础上编写而成。全书共分七章,具体编写分工为：绪论由李国新编写；第一章由欧莉华编写；第二章由钱利军、武娇阳编写；第三章、第四章由陈莹编写；第五章由武娇阳编写；第六章由黄孝斌编写；第七章由钱利军、刘冬勤、李国新、付顺、沈军、杨伟卫、刘徽、郝强、蔡恒安、欧莉华、徐玮、陈莹、刘筱、黄孝斌、武娇阳、尚世超、王帅、迟凤鸣、王亚男、王宇、朱柳琴、张超宇、李文涛、白少刚、高扬、陈宠编写。全书由李国新、钱利军统稿。

本书在编写和出版过程中,得到了中国地质学会城市地质专委会、四川省地质学会、成都理工大学工程技术学院、湖北省地质局第一大队大力的支持和帮助；成都理工大学付顺老师全程参与,特别是编纂指导委员会胡清乐主任、李正伟副主任、吴昌雄副主任提出了建设性建议,在此深表感谢。

本书是对城市地质内容的初步探索,因笔者水平有限和初期资料缺乏,书中难免存在疏漏和不足,敬请读者批评指正。

笔　者

2021 年 10 月

目 录

- 绪 论 ……………………………………………………………………………………… (1)
  - 第二节 城 市 ……………………………………………………………………… (1)
  - 第二节 城市地质研究历程 ………………………………………………………… (20)
  - 第三节 城市地质内容概括 ………………………………………………………… (32)
  - 思考题 ………………………………………………………………………………… (36)
- 第一章 城市地质基础 ………………………………………………………………… (37)
  - 第一节 城市地质学基本概念 ……………………………………………………… (37)
  - 第二节 城市地质学基本理论 ……………………………………………………… (37)
  - 第三节 城市发展不同阶段的城市地质工作 ……………………………………… (41)
  - 思考题 ………………………………………………………………………………… (42)
- 第二章 城市地质调查主要技术方法 ………………………………………………… (43)
  - 第一节 资料收集与整理 …………………………………………………………… (43)
  - 第二节 地表调查方法 ……………………………………………………………… (45)
  - 第三节 遥感技术方法 ……………………………………………………………… (46)
  - 第四节 钻探技术方法 ……………………………………………………………… (46)
  - 第五节 地球物理勘探技术方法 …………………………………………………… (47)
  - 第六节 地球化学调查方法 ………………………………………………………… (54)
  - 思考题 ………………………………………………………………………………… (61)
- 第三章 城市地质环境背景调查 ……………………………………………………… (62)
  - 第一节 地质环境背景类型 ………………………………………………………… (62)
  - 第二节 地形地貌调查 ……………………………………………………………… (64)
  - 第三节 地层岩性调查 ……………………………………………………………… (65)
  - 第四节 地质构造调查 ……………………………………………………………… (66)
  - 第五节 气象与水文调查 …………………………………………………………… (67)
  - 第六节 水文地质调查 ……………………………………………………………… (67)
  - 第七节 工程地质调查 ……………………………………………………………… (70)
  - 第八节 植被情况调查 ……………………………………………………………… (71)
  - 第九节 人类工程经济活动调查 …………………………………………………… (72)
  - 思考题 ………………………………………………………………………………… (72)

第四章　城市地质环境问题调查 (73)

第一节　地下水资源衰减与水资源短缺调查 (73)
第二节　地下水质量与污染调查 (74)
第三节　城市突发性地质灾害调查 (76)
第四节　城市缓变型地质灾害调查 (78)
第五节　海岸带城市特有的环境地质问题调查 (81)
第六节　城市垃圾填埋场调查 (82)
思考题 (83)

第五章　城市地质资源调查 (84)

第一节　城市地下水资源调查与评价 (84)
第二节　地质遗迹调查 (91)
第三节　地热资源调查 (94)
第四节　城市地下空间资源调查 (97)
思考题 (101)

第六章　三维城市地质建模 (102)

第一节　地质建模的意义 (102)
第二节　三维地质建模技术发展现状 (104)
第三节　三维地质建模技术方法 (107)
第四节　简单三维地质建模实例 (110)
思考题 (120)

第七章　实例分析:湖北省黄石多要素城市地质调查 (121)

第一节　项目概述及区域地质背景 (121)
第二节　专题一:土地质量与绿色发展 (129)
第三节　专题二:地质环境与规划建设 (135)
第四节　专题三:水体质量与环境保护 (143)
第五节　专题四:长江沿岸与生态发展 (152)
第六节　专题五:城市三维模型与信息管理 (173)
思考题 (183)

主要参考文献 (184)

绪 论

第一节 城 市

一、城市的定义

(一)相关学科的定义

1. 经济学

Button 在《城市经济学:理论与政策》一书中对城市的定义为:城市是"各种经济市场如住房、劳动力、土地、运输等,相互交织在一起的网状系统"(Button,1981)。

Hirsh 对城市的定义为:城市是"具有相当面积、经济活动和住户集中,以致在私人企业和公共部门产生规模经济的连片地理区域"(Milton and George,1946)。

2. 社会学

Bardo 和 Hartman 在《社会学管理图册》中提出:"……按照社会学的传统,城市被定义为具有某些特征的、在地理上有界的社会组织形式。"

在城市中人口相对比较多,且密集居住,并有异质性。

城市显示了一种相互作用的方式。在其中,个人并非是作为一个完整的人而为人所知,这就意味着至少一些相互作用是在并不真正相识的人之间发生的。城市要求有一种超越家庭或家族之上的"社会联系"。

3. 地理学

Ratzel 在人类地理学体系(Ellen,1911)中认为:"地理学上的城市,是指地处交通方便环境的、有一定面积的房屋和一定数量的人群的密集结合体。"

4. 城市规划学

《城市规划基本术语标准》(GB/T 50280—98)对城市的定义为:以非农产业和非农业人口聚集为主要特征的居民点。在我国,城市为按国家行政建制设立的市和镇。

(二)字源学上的解释

1. 中文解释

城:"城,郭也,都邑之地,筑此以资保障也"。
市:"日中为市,致天下之民,聚天下之货,交易而退,各得其所"。
根据"城"和"市"两字的结合,中文字源学上解释城市的3个要点也就呼之欲出,即防御外敌、群居居所以及交易场所。

2. 英文解释

urban(城市的、市政的)源自拉丁文 urbs,意为城市的生活。
city(城市、市镇)含义为:市民可以享受公民权利,过着一种公共生活的地方。
与 city 相关的单词,如 citizenship(公民)、civil(公民的)、civic(市政的)、civilized(文明的)、civilization(文明、文化)等,意思是社会组织行为处于一种高级的状态,城市就是安排和适应这种生活的一种工具。

二、城市的形成与演化

1. 城市的形成

城市的出现是人类走向成熟和文明的标志,也是人类群居生活的高级形式。城市的起源从根本上来说,有因"城"而"市"和因"市"而"城"两种类型。因"城"而"市"是指先有城后有市,市是在城的基础上发展起来的,这种类型的城市多见于战略要地和边疆城市,如天津起源于天津卫。因"市"而"城"则是指先有市后有城的形成,这类城市比较多见,是人类经济发展到一定阶段的产物,本质上是人类的交易中心和聚集中心。城市的形成无论多么复杂,都不外乎这两种形式。

原始时代人类居无定所,随遇而栖,三五成群,渔猎而食。但是,在对付个体庞大且凶猛的动物时,三五个人的力量显得单薄,只有联合其他群体才能获得胜利。随着群体的力量强大,人类的收获也就丰富起来。由于抓获的猎物不便携带,会找地方储藏起来,久而久之人类便在那些地方定居下来。大凡人类选择定居的地方都是些水草丰美、动物繁盛的处所。定居下来的先民为了抵御野兽的侵扰,便在驻地周围扎上篱笆,这就形成了早期的村落。

随着人口的繁盛,村落规模也不断地扩大。为猎杀一只动物,整个村落的人倾巢出动显得有些多了,且不便于分配。于是,村落内部便分化出若干个群体,各自为战,猎物在群体内分配。由于群体的划分是随意进行的,那些老弱病残多的群体常常抓获不到猎物,只好依附在力量强壮的群体周围获得一些食物。而收获丰盈的群体,不仅消费不完猎物,还可以把多余的猎物拿来与其他群体换取自己没有的东西。于是,早期的"城市"便形成了。

《世本·作篇·颛顼》记载:"祝融作市"。《颜师古注·汉书卷(第九十一货殖传第六十一)》记载:"凡言市井者,市,交易之处;井,共汲之所,故总而言之也。说者云因井而为市,其义非也"。这便是"市井"的来历。与此同时,在另一些地方生活着同样的村落,村落之间常常为了一只猎物发生械斗。于是,各村落为了防备其他村落的侵袭,便在篱笆的基础上筑起了城墙。

绪 论

《吴越春秋》一书有这样的记载:"筑城以卫君,造郭以卫民"。城以墙为界,有内城、外城的区别。内城叫城,外城叫郭。内城里住着皇帝高官,外城里住着平民百姓。这里所说的"君",在早期应该是收获的猎物很丰富的群体,而"民"则是收获贫乏、难以养活自己而依附在"君"周围的群体了。人类最早的城市其实具有"国"的意义,这可能就是人类城市形成及演变的大致过程。

学术界关于城市的起源有3种说法:一是防御说,即建设城郭的目的是不受外敌侵犯;二是集市说,认为随着社会生产力的发展,人们手里有了多余的农产品、畜产品,需要有个集市进行交换,进行交换的地方逐渐固定了,聚集的人多了,就有了市,后来就建起了城;三是社会分工说,认为随着社会生产力的不断发展,一个民族内部出现了一部分人专门从事手工业、商业,另一部分人专门从事农业,而从事手工业、商业的人需要有个地方集中起来进行生产、交换,所以,这才有了城市的产生和发展。

城市是人类文明的重要组成部分,城市也是伴随人类文明与进步发展起来的。在农耕时代,人类开始定居;伴随工商业的发展,城市崛起,城市文明开始传播。其实在农耕时代城市就出现了,但它的作用是进行军事防御和举行祭祀仪式,城市并不具备生产功能,只是个消费中心。那时城市的规模很小,因为周围的农村提供的余粮不多。每个城市和它控制的农村构成一个小单位,两者相对封闭,自给自足。

学者们普遍认为,真正意义上的城市是工商业发展的产物。如13世纪的地中海沿岸、米兰、威尼斯、巴黎等地区和城市,都是重要的商业和贸易中心,其中威尼斯在繁盛时期人口数量超过20万。第一次工业革命之后,城市化进程大大加快了,由于人口不断涌向新的工业中心,城市获得了前所未有的发展。到第一次世界大战前夕,英国、美国、德国、法国等国家绝大多数人口都已生活在城市。这不仅是富足的标志,更是文明的象征。

2010年上海世界博览会的主题"城市,让生活更美好"(Better City,Better Life)应当成为每个城市未来发展的方向。未来城市应倡导低碳、节能、便利,倡导人际关系、人与自然关系的和谐,使每位市民、每位来访者都充分享受现代文明带来的丰硕成果。

2. 城市的发展演变

在农牧业经济时代,生产力水平低下,城市发展非常缓慢,重要的城市均为具有政治统治作用的都城、州府等。18世纪后,工业化进程促进了生产力水平的提高,加快了城市的发展。

城市产生与发展的基本动力就是社会生产力的发展。

城市的提法本身就包含了两方面的含义:"城"为行政地域的概念,即人口的集聚地;"市"为商业的概念,即商品交换的场所。而最原始的"城市"(实际应为我们现存的"城镇")为最初城市中的工业集聚地,它是为了使商品交换变得更为容易(可就地加工、就地销售)而形成的。在城市中直接加工销售相对于将已加工好的商品拿到城市中来交换而言,就正是一种随工业城市出现而产生的一种商业变革。城市包括城市规模、城市功能、城市布局和城市交通,而这几个方面所发生的变化都必然会对城市的商业活动产生影响,促使其发生相应的变革。城市经济学对城市进行了不同能级的分类,以城区常住人口为统计口径,将城市划分为5类7档。

按城市综合经济实力和世界城市发展的历史来看,城市分为集市型、功能型、综合型等类别。这些类别也是城市发展的各个阶段,任何城市都必须经过集市型阶段。

集市型城市:属于农牧业和手工业者商品交换的集聚地,商业主要由交易市场、商店、旅馆、饭店等配套服务设施构成。处于集市型阶段的城市在我国主要为集镇。

功能型城市：通过自然资源的开发和优势产业的集中，开始发展其特有的工业产业，从而使城市具有特定的功能。这里的城市不仅是商品的交换地，同时也是商品的生产地。但城市因产业分工而形成的功能单调，对其他地区和城市经济交流的依赖增强，商业开始由以封闭型的城内交易为主转为以开放型的城际交易为主，贸易业有了很大的发展。这类城市主要有工业重镇、旅游城市等。

综合型城市：一些地理位置优越和产业优势明显的城市经济功能趋于综合型，金融、贸易、服务、文化、娱乐等功能得到发展，城市的集聚力日益增强，使城市的经济能级大大提高，从而成为区域性、全国性甚至国际性的经济中心和贸易中心（"大都市"）。商业由单纯的商品交易向综合服务发展，商业活动也扩展为促进商品流通和满足交易需求的一切活动。这类城市在我国比较典型的有直辖市、省会城市等。

城市是社会分工和生产力发展的产物。"城"是指四周围有高墙、扼守交通要冲、具有防守性质的军事要点。奴隶社会的城市主要是行政、军事、宗教、手工业的中心。封建社会的城市不仅是商品市场和贸易的中心，而且开始发展成为政治、经济、文化的中心。随着大工业生产的发展，出现了像上海、广州、天津等特大的现代城市。"市"出现很早，最初是作为固定的交易场所出现的。秦汉时期，在京都、郡乃至大县城内，几乎都有官府在指定地区设立并管理的市，与居民所住的里或坊严格分开。比如汉长安城西北角的东市、西市。与这种"市"相比，作为一级行政区划的"市"，出现得就很晚了。

三、海绵城市、智慧城市、韧性城市

(一)海绵城市

1. 简介

海绵城市，是新一代城市雨洪管理概念，是指城市能够像海绵一样，在适应环境变化和应对雨水带来的自然灾害等方面具有良好的弹性，也可称之为"水弹性城市"。海绵城市示意如图0-1所示(麻晓东，2017)。

海绵城市的国际通用术语为"低影响开发雨水系统"，即下雨时吸水、蓄水、渗水、净水，需要时将蓄存的水释放并加以利用，实现雨水在城市中自由迁移(周楠，2015)。而从生态系统服务出发，通过跨尺度构建水生态基础设施，并结合多类具体技术建设水生态基础设施，则是海绵城市的核心。

2017年3月5日，在第十二届全国人民代表大会第五次会议上，李克强总理在政府工作报告中提到：统筹城市地上地下建设，再开工建设城市地下综合管廊2000公里以上，启动消除城区重点易涝区段三年行动，推进海绵城市建设，使城市既有"面子"、更有"里子"。

在新形势下，海绵城市是推动绿色建筑建设、低碳城市发展、智慧城市形成的创新表现，是新时代特色背景下现代绿色新技术与社会、环境、人文等多种因素下的有机结合。

特别指出，"海绵城市"材料在实际应用过程中表现出优秀的渗水、抗压、耐磨、防滑以及环保、美观、舒适、易维护和吸音减噪等特点，成了"会呼吸"的城镇景观路面，也有效缓解了城市热岛效应，让城市路面不再发热(He et al.，2019；孙红丽和伍振国，2017)。

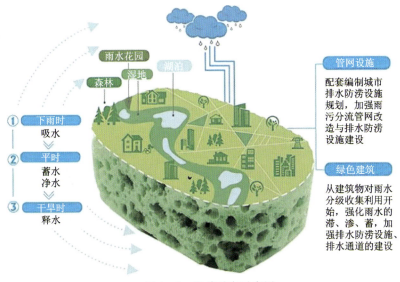

图 0-1 海绵城市示意图

2. 建设原则

海绵城市建设应遵循生态优先等原则,将自然途径与人工措施相结合,在确保城市排水防涝安全的前提下,最大限度地实现雨水在城市区域的积存、渗透和净化,促进雨水资源的利用和生态环境保护。建设"海绵城市"并不是将传统的排水系统推倒重来取代,而是对传统排水系统的一种"减负"和补充,最大限度地发挥城市本身的作用。在海绵城市建设过程中,应统筹自然降水、地表水和地下水的系统性,协调给水、排水等水循环利用各环节,并考虑其复杂性和长期性。

作为城市发展理念和建设方式转型的重要标志,我国海绵城市建设"时间表"已经明确且"只能往前,不能往后"。全国已有130多个城市制订了海绵城市建设方案。

确定的目标核心是:通过海绵城市建设使70%的降水就地消纳和利用。围绕这一目标确定的时间表是到2030年,80%的城市建成区要达到这个要求(亢舒,2015)。

3. 设计理念

建设海绵城市,首先要扭转观念。传统城市建设模式中道路处处是硬化路面。每逢大雨,城市主要依靠管渠、泵站等"灰色"设施来排水,以"快速排除"和"末端集中控制"为主要规划设计理念,往往造成"逢雨必涝,旱涝急转"。根据住房和城乡建设部2014年发布的《海绵城市建设技术指南:低影响开发雨水系统构建(试行)》,城市建设将强调优先利用植草沟、渗水砖、雨水花园、下沉式绿地等"绿色"措施来组织排水,以"慢排缓释"和"源头分散"控制为主要规划设计理念,这样既避免了洪涝,又有效地收集了雨水。

建设海绵城市,即构建低影响开发雨水系统,主要是指通过"渗、滞、蓄、净、用、排"等多种技术途径,实现城市的良性水文循环,提高对径流雨水的渗透、调蓄、净化、利用和排放能力,维持或恢复城市的海绵功能(俞孔坚,2015)。

4. 配套设施

建设海绵城市就要有"海绵体"。城市"海绵体"既包括河、湖、池塘等水系,也包括绿地、花园、可渗透路面等城市配套设施。雨水通过这些"海绵体"下渗、滞蓄、净化、回用,最后剩余部分径流通过管网、泵站外排,从而可有效提高城市排水系统的标准,缓解城市内涝的压力。

5. 国外应用

城市不同,它们的特点和优势也不尽相同。因此,打造"海绵城市"不能生硬照搬其他城市的经验做法,而应在科学的规划下,因地制宜地采取符合自身特点的措施。这样才能真正发挥出海绵作用,从而改善城市的生态环境,提高民众的生活质量。

(1)德国(高效集水,平衡生态):得益于发达的地下管网系统、先进的雨水综合利用技术和规划合理的城市绿地建设,德国的"海绵城市"建设颇有成效。德国的城市地下管网的发达程度与排污能力处于世界领先地位。它都拥有现代化的排水设施,不仅能够高效排水排污,还能起到平衡城市生态系统的功能。以德国首都柏林为例,其地下水道长度总计约 9646km,其中一些地下管道有近 140 年历史。分布在柏林市中心的管道多为混合管道系统,可以同时处理污水和雨水,这样做不仅可以节省地下空间,还不妨碍市内地铁及其他地下管线的运行。而在郊区主要采用分离管道系统,即污水和雨水分别在不同管道中进行处理,提高了水处理的针对性,且提高了效率。

(2)瑞士(雨水工程,民众参与):20 世纪末,瑞士开始在全国大力推行"雨水工程"。这是一个花费小、成效高、实用性强的雨水利用计划。通常来说,城市中的建筑物都建有从房顶连接地下的雨水管道,雨水经过管道直通地下水道,然后排入江河湖泊。瑞士则以一家一户为单位,在原有的房屋上动了一点儿"小手术",即在墙上打个小洞,用水管将雨水引入室内的蓄水池,然后再用小水泵将收集到的雨水送往房屋各处。瑞士以"花园之国"著称,风沙不多,冒烟的工厂几乎没有,因此雨水比较干净。各家在使用时,靠小水泵将沉淀过滤后的雨水打上来,用以冲洗厕所、擦洗地板、浇花,甚至还可用来清洗蔬菜水果、洗涤衣物等。

如今在瑞士,许多建筑物和住宅外部都装有专用雨水流通管道,内部都建有蓄水池,雨水经过处理后就可使用。一般居民除饮用水之外的其他生活用水都由这个雨水利用系统来提供。瑞士政府还采用税收减免和津贴补助等政策鼓励民众建设这种节能型房屋,从而使雨水得到循环利用,节省了不少水资源。

在瑞士的城市建设中,最良好的基础设施是完善的、遍及全城的城市给排水管道和生活污水处理厂。早在 17 世纪,瑞士就已经出现了结构简单、暴露在道路表面的排水管道,迄今在日内瓦的老城区仍然能看到这些古老的排水道。从 1860 年开始,下水道已经被看作是公共系统重要的组成部分,瑞士的城市建设者开始根据当时的需要建造地下排水系统。瑞士如今的地下排水系统则主要修建于第二次世界大战后。当时,瑞士出现了大规模的城市化发展,诞生了很多卫星城市。在这一时期,瑞士制定了水使用和水处理法律,并开始落实下水管道系统建设规划。

(3)新加坡(疏导有方,标准严格):新加坡作为一个雨量充沛的热带岛国,其最高年降水量在近 30 年间呈持续上升趋势,却鲜有城市内涝的情况发生。每逢雨季,每天都有数场迅急的瓢泼大雨,但城市内均未出现明显的积水和内涝。这一切要归功于设计科学、分布合理的雨水收集和城市排水系统。这种系统建设要求：首先，预先规划城市排水系统；其次，加强雨水疏导，建立大型蓄水池；最后，建立严格的地面建筑排水标准。

（4）美国（强化设计，加快改建）：美国大多数城市秉承传统的水利设施设计理念，即在郊外储存雨水，利用水渠送到市区，污水通过地下沟渠排走。按照西方国家的说法，这种理念始于古罗马时代，现在仍然大行其道。即使在非常缺水的加利福尼亚州，也是因循这一并不适合当地生态的城市水利与用水模式。

多年来，洛杉矶的雨水一直是经河道流向大海。在20世纪40年代，洛杉矶河被改造成一个水泥砌就的沟槽，在雨季承担泄洪任务。但实际上它已经名不副实，不能算作一条河流，就像一个长达51英里（1英里≈1.609km）的浴缸，横卧在城市与大海之间。在没有被改造成泄洪水道之前，它经常泛滥，淹没沿岸城镇。在这条河流砌上水泥之后，洪水的威胁没有了，沿岸也发展了众多城市。如今，这里的水资源情况发生很大变化，人们不再担心雨水泛滥成灾，而是纠结于雨水总是白白地流走（张翔，2015）。

6. 建设困难

（1）资金需求量大：2015年5月28日，原住房和城乡建设部部长陈政高曾公开透露，预计海绵城市建设投资将达到1亿~1.5亿元/km^2。原住房和城乡建设部副部长陆克华也表示，首批16座试点城市计划3年内投资865亿元，建设面积达450多平方千米。按当前我国国家海绵城市的建设规划，有人预计到2030年，城市建成区80%以上面积达到目标要求需要资金约16 000亿元。

（2）缺乏稳定收益回报：国务院《关于推进海绵城市建设的指导意见》提出，坚持政府引导、社会参与。发挥市场配置资源的决定性作用和政府的调控引导作用，加大政策支持力度，营造良好发展环境。积极推广政府和社会资本合作（PPP）、特许经营等模式，吸引社会资本广泛参与海绵城市建设。PPP模式在基础设施上应用良好，比如污水处理等项目，每年政府把公共投入的部分以购买服务的方式回报给投资商，这方面已经很成熟。但是，PPP模式用在海绵城市，怎么计算公共服务？它不像1t污水处理完了是干净的很容易计算出来。建设海绵城市相当于在建设一个生态绿地系统。这部分的服务怎么计算是一个难点，据了解，目前还没有特别成功和完善的模式，PPP模式应用在海绵城市建设还有一定困难（方国平，2018）。

（二）智慧城市

1. 简介

智慧城市（Smart City）起源于传媒领域，是指利用各种信息技术或创新概念，将城市的系统和服务打通、集成，以提升资源运用效率，优化城市管理和服务以及改善市民生活质量。

智慧城市是把新一代信息技术充分运用在城市的各行各业，基于知识社会下一代创新（创新2.0）的城市信息化高级形态，实现信息化、工业化与城镇化深度融合，有助于缓解"大城市病"，提高城镇化质量，实现精细化和动态管理，并提升城市管理成效和改善市民生活质量。智慧城市示意如图0-2所示。

2. 产生背景

智慧城市经常与数字城市、感知城市、无线城市、智能城市、生态城市、低碳城市等区域发

图 0-2 智慧城市示意图

展概念交叉,甚至与电子政务、智能交通、智能电网等行业信息化概念混杂。人们对智慧城市概念的解读也经常各有侧重,有的观点认为智慧城市建设的关键在于技术应用,有的观点认为关键在于网络建设,有的观点认为关键在人的参与,有的观点认为关键在于智慧效果,一些城市信息化建设的先行城市则强调以人为本和可持续创新。总之,智慧不仅仅是智能。智慧城市绝不仅仅是智能城市的另外一个说法,或者说是信息技术的智能化应用,还包括人的智慧参与、以人为本、可持续发展等内涵。综合这一理念的发展源流以及对世界范围内区域信息化实践的总结,《创新2.0视野下的智慧城市》一文从技术发展和经济社会发展两个层面的创新对智慧城市进行了解析,强调智慧城市不仅仅是物联网、云计算等新一代信息技术的应用,更重要的是通过面向知识社会创新2.0的方法论应用(宋刚和邬伦,2012)。

智慧城市通过物联网基础设施、云计算基础设施、地理空间基础设施等新一代信息技术,以及维基、社交网络、Fab Lab、Living Lab、综合集成法、网动全媒体融合通信终端等工具和方法的应用,实现全面透彻的感知、宽带泛在的互联、智能融合的应用,以及以用户创新、开放创新、大众创新、协同创新为特征的可持续创新,强调通过价值创造和以人为本实现经济、社会、环境的全面可持续发展。伴随网络帝国的崛起、移动技术的融合发展以及创新的民主化进程,在知识社会环境下的智慧城市是继数字城市之后信息化城市发展的高级形态。

2010年,IBM(International Business Machines Corporation,简称IBM)正式提出了"智慧的城市"愿景,希望为世界和中国的城市发展贡献自己的力量。IBM经过研究认为,城市由关系到城市主要功能的不同类型的网络、基础设施和环境6个核心系统组成,即组织(人)、业务/政务、交通、通信、水和能源。这些系统不是零散的,而是以一种协作的方式相互衔接,而城市本身则是由这些系统所组成的宏观系统。

与此同时,国内不少公司也在"智慧地球"启示下提出架构体系,如"智慧城市五大核心平台体系",已在智慧城市案例智慧徐州、智慧丰县、智慧克拉玛依等项目中得到应用。

因此,我们总结认为,21世纪的"智慧城市"能够充分运用信息和通信技术手段,感测、分析、整合城市运行核心系统的各项关键信息,从而对包括民生、环保、公共安全、城市服务、工商业活动在内的各种需求作出智能响应,为人类创造更美好的城市生活。

3. 产生因素

有两种驱动力推动智慧城市的逐步形成：一是以物联网、云计算、移动互联网为代表的新一代信息技术；二是知识社会环境下逐步孕育的开放的城市创新生态。前者是技术创新层面的技术因素，后者是社会创新层面的社会经济因素，由此可以看出创新在智慧城市发展中的驱动作用。清华大学公共管理学院孟庆国教授提出，新一代信息技术与创新2.0是智慧城市的两大基因，缺一不可。

智慧城市不仅需要物联网、云计算等新一代信息技术的支撑，更要培育面向知识社会的下一代创新（创新2.0）。信息通信技术的融合和发展消融了信息和知识分享的壁垒，消融了创新的边界，推动了创新2.0形态的形成，并进一步推动了各类社会组织及活动边界的"消融"。创新形态由生产范式向服务范式转变，也带动了产业形态、政府管理形态、城市形态由生产范式向服务范式的转变。如果说创新1.0是沿袭工业时代面向生产、以生产者为中心、以技术为出发点的相对封闭的创新形态，那么创新2.0则是与信息时代、知识社会相适应的面向服务、以用户为中心、以人为本的开放的创新形态。宋刚（2012）从三代信息通信技术发展的社会脉络出发，对创新形态转变带来的产业形态、政府形态、城市形态、社会管理模式创新进行了阐述。他指出，智慧城市的建设不仅需要物联网、云计算等技术工具的应用，也需要微博、维基等社会工具的应用，更需要 Living Lab 等用户参与的方法及实践来推动以人为本的可持续创新，同时他结合北京基于物联网平台的智慧城管建设对创新2.0时代的社会管理创新进行了生动的诠释。

4. 建设意义

随着信息技术的不断发展，城市信息化应用水平不断提升，智慧城市建设也应运而生。建设智慧城市在实现城市可持续发展、引领信息技术应用、提升城市综合竞争力等方面具有重要意义。

(1) 建设智慧城市是实现城市可持续发展的需要。改革开放40多年以来，中国城镇化建设取得了举世瞩目的成就。尤其是进入21世纪后，城镇化建设的步伐不断加快，每年有上千万的农村人口进入城市。随着城市人口不断膨胀，"城市病"成为各个城市建设与管理所面临的首要难题，资源短缺、环境污染、交通拥堵、安全隐患等问题日益突出。为了破解"城市病"困局，智慧城市应运而生。由于智慧城市综合采用了包括射频传感技术、物联网技术、云计算技术、下一代通信技术在内的新一代信息技术，因此能够有效地化解"城市病"问题。这些技术的应用能够使城市变得更易于被感知、城市资源更易于被充分整合。在此基础上，可实现对城市的精细化和智能化管理，从而减少资源消耗、降低环境污染、解决交通拥堵、消除安全隐患，最终实现城市的可持续发展。

(2) 建设智慧城市是信息技术发展的需要。当前，全球信息技术呈加速发展的趋势，信息技术在国民经济中的地位日益突出，信息资源也日益成为重要的生产要素。智慧城市正是在充分整合、挖掘、利用信息技术与信息资源的基础上，汇聚人类的智慧，赋予物以智能，从而实现对城市各领域的精细化管理，实现对城市资源的集约化利用。由于信息资源在当今社会发展中的重要作用，发达国家纷纷出台了智慧城市建设规划，以促进信息技术的快速发展，从而达到抢占新一轮信息技术产业"制高点"的目的。为避免在新一轮信息技术产业竞争中陷于被动,中国政府审时度势,及时提出了发展智慧城市的战略布局,以期更好地把握新一轮信息技术变革所带来的巨大机遇,进而促进中国经济社会又好又快地发展。

(3)提高中国综合竞争力的战略选择。战略性新兴产业的发展往往伴随着重大技术的突破,它对经济社会全局和长远发展具有重大的引领带动作用,是引导未来经济社会发展的重要力量。当前,世界各国对战略性新兴产业的发展普遍予以高度重视,中国从"十二五"时期开始,到后来的"十三五""十四五"规划中也都明确将战略性新兴产业作为发展重点。一方面,智慧城市的建设将极大地带动包括物联网、云计算、三网融合、下一代互联网以及新一代信息技术在内的战略性新兴产业的发展;另一方面,智慧城市的建设对医疗、交通、物流、金融、通信、教育、能源、环保等领域的发展也具有明显的带动作用,对中国扩大内需、调整结构、转变经济发展方式的促进作用同样显而易见。因此,建设智慧城市对中国综合竞争力的全面提高具有重要的战略意义。

5. 2013年全球十大智慧城市

根据第七版"IESE 城市动态指数 2020"(IESE Cities in Motion Index 2020)数据,世界智慧城市前 10 位为:①伦敦(英国);②纽约(美国);③巴黎(法国);④东京(日本);⑤雷克雅未克(冰岛);⑥哥本哈根(丹麦);⑦柏林(德国);⑧阿姆斯特丹(荷兰);⑨新加坡(新加坡);⑩香港(中国)。与 2012 年全球智慧城市排名相比,伦敦再次登上世界智慧城市榜首,纽约位居第二,巴黎位居第三。

这份年度指数由 IESE 商学院(IESE Business School)的全球化与战略中心(Center for Globalization and Strategy)编制,经 Pascual Berrone 和 Joan Enric Ricart 教授合著。该指数分析了全球 174 个城市的发展水平,包含 9 个维度:经济(economy)、环境(environment)、治理(governance)、人力资本(human capital)、国际辐射力(international projection)、流动性与交通(mobility and transportation)、社会凝聚力(social cohesion)、科技(technology)以及城市规划(urban planning)。这些维度被认为是真正智慧和可持续城市的关键。

(三)韧性城市

1. 定义

"韧性"和"韧性城市"是国际社会在防灾减灾领域使用频率很高的两个概念。

韧性城市,也就是说当灾害发生的时候,城市能承受冲击,快速应对、恢复,保持城市功能正常运行,并通过适应来更好地应对未来的灾害风险。韧性城市示意如图 0-3 所示。

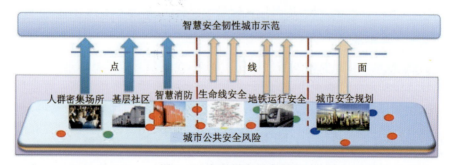

图 0-3　韧性城市示意图

2017年6月,中国地震局提出实施的"国家地震科技创新工程"包含四大计划,"韧性城乡"计划便是其中之一,这也是我国提出的第一个国家层面上的韧性城市建设。

2. 性质

韧性城市包括鲁棒性、可恢复性、冗余性、智慧性、适应性五大特性(R&A)。

(1)鲁棒性(robustness):城市可抵抗灾害,减轻由灾害导致的城市在经济、社会、人员、物质等多方面的损失。

(2)可恢复性(rapidity):灾后具快速恢复的能力,城市能在灾后较短的时间恢复到一定的功能水平。

(3)冗余性(redundancy):城市中关键的功能设施应具有一定的备用模块,当灾害突然发生造成部分设施功能受损时,备用的模块可以及时补充,使整个系统仍能发挥一定水平的功能,而不至于彻底瘫痪。

(4)智慧性(resourcefulness):有基本的救灾资源储备以及能够合理调配资源的能力,能够在有限的资源下,优化决策,最大化资源效益。

(5)适应性(adaptability):城市能够从过往的灾害事故中学习,提升对灾害的适应能力。

此外,韧性城市包括技术、组织、社会、经济4个维度(TOSE)。

(1)技术(technical):减轻建筑群落和基础设施系统由灾害造成的物理损伤。基础设施系统损失包括交通、能源和通信等系统提供服务的中断。

(2)组织(organizational):包括政府灾害应急办公室、基础设施系统相关部门、警察局、消防局等在内的机构或部门能在灾后快速响应,包括开展房屋建筑维修工作、控制基础设施系统连接状态等,从而减轻灾后城市功能的中断程度。

(3)社会(social):减少灾害人员伤亡,能够在灾后提供紧急医疗服务和临时避难场地,在长期恢复过程中可以满足当地的就业和教育需求。

(4)经济(economic):降低灾害造成的经济损失,减轻经济活动所受的灾害影响。经济损失既包括房屋和基础设施以及工农业产品、商储物资、生活用品等因灾破坏所形成的财产损失,也包括社会生产和其他经济活动因灾导致停工、停产或受阻等所形成的损失。

3. 发展

2020年11月3日,党的十九届五中全会审议通过《中共中央关于制定国民经济和社会发展第十四个五年规划和二〇三五年远景目标的建议》(简称《建议》),其中首次提出了建设"韧性城市"。《建议》提出,推进以人为核心的新型城镇化。强化历史文化保护,塑造城市风貌,加强城镇老旧小区改造和社区建设,增强城市防洪排涝能力,建设海绵城市、韧性城市。提高城市治理水平,加强特大城市治理中的风险防控(薛永玮,2020)。

四、城市的内涵

(一)城市的类型

1. 以城区常住人口划分

国务院《关于调整城市规模划分标准的通知》中明确提出了城市的划分标准,即以城区常住人口数量为统计口径,将城市划分为5类7档:小城市(Ⅰ型小城市、Ⅱ型小城市)、中等城市、大城市(Ⅰ型大城市、Ⅱ型大城市)、特大城市、超大城市。

城区常住人口为50万人以下的城市为小城市,其中20万人以上、50万人以下的城市为Ⅰ型小城市,20万人以下的城市为Ⅱ型小城市。城区常住人口为50万人以上、100万人以下的城市为中等城市。城区常住人口为100万人以上、500万人以下的城市为大城市,其中300万人以上、500万人以下的城市为Ⅰ型大城市,100万人以上、300万人以下的城市为Ⅱ型大城市。城区常住人口为500万人以上、1000万人以下的城市为特大城市。城区常住人口为1000万人以上的城市为超大城市。

2. 以城市影响力划分

按照影响力的不同,城市可分为世界城市、国际化城市、国际性城市、区域中心城市、地方中心城市。

世界城市是能全世界(或全球)配置资源的城市,也称"全球化城市"。通常城区人口数量为1000万以上、城市及腹地GDP总值达世界3‰以上的城市能发展为世界城市。纽约、东京、伦敦已建成世界城市。据普华永道会计事务所(PwC)预测,中国预计于2050年成为全球最大经济体,GDP约占全球的20%。

国际化城市是能在国际上许多城市和地区配置资源的城市,也称"洲际化城市"。通常城区人口数量为500万以上、城市及腹地GDP总值达3000亿美元以上的城市能发展为国际化城市。芝加哥、大阪、柏林、首尔等已成为国际化城市。

国际性城市是能在国际上部分城市和地区配置资源的城市。通常城区人口数量为500万以上、腹地较小的城市以及人口数量为2000万以上新省区的省会城市均有望发展为国际性城市。

区域中心城市是能在周边各城市和地区配置资源的城市。通常城区人口数量为300万以上、腹地人口千万以上的城市均有望发展为区域中心城市。

地方中心城市是主要在本城市、本地区配置资源的城市。通常城区人口数量为300万以下、腹地人口千万以下的城市只能发展为地方中心城市。

此外,还可以按地理位置划分为沿海城市、内陆城市、边陲城市;按功能划分为工业城市、商业城市、港口城市、文化城市、政治城市、宗教城市、旅游城市、综合性城市;按城市作用的范围划分为国际性城市、全国性城市和地区性城市;按空间分布特征划分为同心型城市、放射型城市、多中心城市、带状城市等。首位度高的城镇规模分布称为首位分布。许多发展中国家的城市首位度较高,但首位度高和发达程度之间并没有必然的联系。

(二)我国主要城市类型

1. 以城区常住人口划分

我国城市按照城市规模以城区常住人口为统计口径,将城市划分为5类7档。

城区常住人口1000万以上的城市为超大城市,如上海、天津、北京、重庆、广州、武汉等。城区常住人口500万以上1000万以下的城市为特大城市,如成都、杭州、南京、沈阳、苏州等。城区常住人口100万以上500万以下的城市为大城市,其中300万以上500万以下的城市为Ⅰ型大城市,100万以上300万以下的城市为Ⅱ型大城市。城区常住人口50万以上100万以下的城市为中等城市。城区常住人口50万以下的城市为小城市,其中20万以上50万以下的城市为Ⅰ型小城市,20万以下的城市为Ⅱ型小城市。

2. 以行政等级划分

我国城市按照行政等级分为直辖市、副省级城市、地级市以及县级市。

直辖市:北京市、上海市、天津市、重庆市。

副省级城市:广州、武汉、南京、成都、西安、沈阳、哈尔滨、长春、杭州、济南、大连、青岛、宁波、厦门、深圳。

地级市:根据《2020年民政事业发展统计公报》,截至2020年底,全国地级行政单位共333个,其中包括293个地级市、7个地区、3个盟、30个自治州。

县级市:根据《2020年民政事业发展统计公报》,截至2020年底,全国共有县级市388个。

3. 以经济总量及影响力划分

我国城市按经济总量及影响力划分可分为一线城市、二线城市、三线城市、四线城市。

(1)一线城市是在国内发展全面领先的城市。它们政治地位突出,经济实力超强,对周边的城市具有举足轻重的影响,并在国际上代表中国的实力,另外显著特征就是全国流动人口流入特别集中。严格意义上说一线城市只有北京、上海(也有一说是北京、上海、广州、深圳4个城市,但广州、深圳明显实力不如北京和上海),北京和上海无论是政治地位、经济总量、发展前瞻性以及在国际上的影响力,在国内各大城市中都是领先的,为当之无愧的一线城市,短期内不可能被其他城市超过。准一线城市如广州、深圳在国内的政治地位、经济实力、经济总量等以及国际影响力,都与北京、上海有明显的差距,在国际上不具备代表中国的实力,但又高于二线城市,因此称为准一线城市。

(2)二线城市是指经济较发达的省会城市、经济特区、计划单列市和综合实力在全国排前50名的城市。它们能紧跟一线城市的发展步伐,在各方面都具有相当的水准。二线城市主要有天津、杭州、南京、武汉、重庆、成都、大连、青岛、苏州、宁波、厦门、无锡、佛山、东莞等。以上城市各方面的影响力仅次于北京、上海,经济总量和政治地位不如广州、深圳,为二线城市。

(3)三线城市是指经济欠发达的省会城市、比较发达的中等城市和地级市。以上城市各方面的影响力较二线城市有差距,在国际上根本没有影响力。

(4)四线城市为经济相对发达的县级市、镇。

(三)城市发展中存在的问题

城市化具有正、负两个方面的效应:一方面,城市化可以促进经济繁荣和社会进步,集约地利用土地,提高能源利用效率,促进教育、就业、健康和社会服务水平;另一方面,城市化又会对自然生态系统和人民健康造成一定的影响。这些问题主要表现在以下5个方面。

1. 城市建设与发展偏离城市历史脉络

城市作为人类社会发展的产物,在每个时代的城市发展史上都会留下自己的痕迹和烙印。一系列延续至今的历史,形成了一个文化脉络,记载着城市的兴衰,这就是城市的文脉。目前,许多城市只重视短期利益,忽视了城市的整体历史脉络。轻视历史,只注重城市规划的经济功

13

能,轻视城市规划的文化质量,将使城市处于大规模毁损历史文化遗产的危险境地,丢失了城市特色。厚重的文化底蕴是一个城市独有的特色。城市的历史和文化时时刻刻都在影响着居民的生活和思维。如何留住源远流长的城市历史和文化,如何在城市发展的进程中保护城市灿烂悠久的历史文化,使之适应不断变化的环境,并为我们的子孙后代留下一笔宝贵的历史遗产,是当前城市人必须认识、思考和面对的问题。

2. 少数大城市规模过度膨胀,一些小城市发展缓慢

城市规模结构应当是一个具有等级、共生、互补、高效和严格"生态位"的开放系统,各大、中、小城市都应当在统一规范下得到合理的发展。中国的城市规模结构状况大体为:大城市(人口50万～100万,含人口100万以上的特大城市)占11.7%,中等城市(人口20万～50万)占28.5%,小城市(人口20万以下)占59.8%。

城市规模过大,带来的风险和困难有:①形成城市贫民窟,产生高失业率、高犯罪率等社会不稳定因素;②巨额的基础设施投资给政府财政带来沉重的负担;③中国一批大城市的人口数量已达到相当规模,大城市的人口密度是世界上最高的,它们接纳新增人口的设施和能力已经严重短缺。中小城市是平衡一个国家和地区发展的重要部分。

3. 产生大量产品和废物,城市缺乏循环再生能力

人类单纯注重生产和获取,忽视有机体和生物群等稳定因素的积累,必然会对再生系统造成破坏。城市资源和能源的消耗大于资源和能源的再生,造成城市这个复合系统的再生系统瘫痪。人类进步还未能使发达地区和不发达地区在资源利用上平等,不发达地区往往成为发达地区的"废物弃置站"和"资源能源供应地",所以不发达地区通常就是环境破坏最严重的地区。发达地区的环境保护和"措施"使这一情况日益严重。事实上,废物的本质就是资源,如何在资源有限的共识下充分利用这些与主流产品伴生出的废物显得尤为迫切和重要。

4. 钢筋混凝土充斥城市,城市缺乏生态活力和灵气

一些城市建设严重破坏了城市空间和社会结构以至破坏了生态环境,大量的钢筋混凝土建筑物充斥着整个城市,高楼大厦、钢筋混凝土没有生命,从而使城市丧失了灵气。陆路交通的发展及自来水和城市消防设施的完善,使城市水系原有的功能大部分已丧失。因此,水系便因为被作为排污通道、垃圾场而被污染。于是,出现了沟河改成马路、明河变成暗流的现象,有的地方水源被切断,活水变死水;有的地方以建筑护坡,将水系与土地及其生物环境分离等。这些不遵循自然规律与条件的建设和发展,削减了城市可持续发展的根基和动力。

5. 城市缺乏共生和自生能力

"可持续发展"城市应如生态系统一样,在一个确定的范围内实现内部平衡。其中,最主要的措施是确立一个平衡的空间,在这个空间内最大限度地将废物就地转化为新的资源。对不得不在城市之外进行的资源开采和因此造成的环境破坏,要进行补偿,使资源再生,使生态恢复平衡。只有在确信废物和污染源可以被消化吸收,而且不影响更大范围的生态平衡时,一座城市才可以将内部无法处理的废物和污染物排到城市之外。缺乏共生和自生能力不仅仅会影响城市自身的发展,也往往会波及周围区域的健康发展(耿宇和孙玉香,2005)。

五、城市的规划

城市规划是规范城市发展建设,研究城市的未来发展、城市的合理布局和综合安排城市各项工程建设的综合部署,是一定时期内城市发展的蓝图,是城市管理的重要组成部分,是城市建设和管理的依据。

城市规划是以发展眼光、科学论证、专家决策为前提,对城市经济结构、空间结构、社会结构发展进行规划,常常包括城市片区规划。城市规划具有指导和规范城市建设的重要作用,是城市综合管理的前期工作,是城市管理的龙头。城市的复杂系统特性决定了城市规划是随城市发展与运行状况长期调整、不断修订、持续改进和完善且复杂的连续决策过程。

(一)城市选址安全问题

近年来,随着城镇化进程的加快,城市安全隐患增多、风险加剧。2018年1月,中共中央办公厅、国务院办公厅印发了《关于推进城市安全发展的意见》(简称《意见》),对城市安全发展作出了全面部署。理想中的"安全城市"如何构建和治理等很多问题值得思考。

2021年7月,汛期如期而至,河南、山西等地多个城市遭受强降雨袭击,特大暴雨给城市带来了不小的损失。洪涝灾害只是城市安全事件的一种,根据《中华人民共和国突发事件应对法》,我国将突发事件分成自然灾害、事故灾难、公共卫生事件、社会安全事件四大类,每一类事件都威胁着城市的安全。

1. 安全需求与日俱增

《意见》指出,随着我国城市化进程明显加快,城市人口、功能和规模不断扩大,发展方式、产业结构和区域布局发生了深刻变化,新材料、新能源、新工艺广泛应用,新产业、新业态、新领域大量涌现,城市运行系统日益复杂,安全风险不断增大。

清华大学公共安全研究院袁宏永教授表示,城市的典型特点是物质、能量、信息、财富高度集中,尤其是能量物质的高度集中给城市安全带来很大隐患。例如电器使用越来越多,触电、火灾事故时有发生;燃气管网遍布城市地下各个角落,即便是微小的泄露也可能会产生很大的事故。此外,一些小规模事故也会因为财富集中和人口密度增加而被放大。据业内专家解释,城市发展起来以后,各种设施密集分布,各种利益紧密相连,小规模的安全事件也很容易波及周边,产生连锁效应,如果不能及时处理,损失很容易被成倍地放大(孟飞,2018)。

中国城市规划设计研究院教授级高级工程师陈志芬认为,导致城市安全问题突出的原因很多,功能庞大和系统复杂导致城市脆弱性增大是其中之一(孟飞,2018),此外,也与城市的无序扩张以及气候变化有着千丝万缕的关系。很多城市安全问题是多种因素综合作用的结果。

从"11·22"青岛输油管道爆炸事件到"8·12"天津滨海新区爆炸事件,再到"12·20"深圳山体滑坡事件……近年来,城市中的大型安全事故频频发生,给人们带来了一个印象——城市安全问题持续恶化。事实是否如此?据业内专家介绍,虽然城市安全问题突出,但是相对过去来说,技术的进步、制度的完善和安全意识的提升已经大幅降低了城市安全事故发生的概率。

不过,正是由于安全意识的提升,人们对城市安全有了更高的要求。袁宏永教授认为,经济高速发展使人民生活水平快速提高,物质生活需要满足了之后,安全需要就成为第一需要。

如果安全问题得不到及时有效的处理,不仅会削弱人们已有的获得感,也会影响经济社会发展(孟飞,2018)。

2. 规划把好安全底线

加强城市安全管理,源头管控至关重要。根据《意见》,城市安全源头治理主要包括三方面:一是科学制订规划;二是完善安全法规和标准;三是加强基础设施安全管理。其中,科学规划和布局又是提升城市安全水平的基础举措。

陈志芬介绍,从规划角度来说,强化风险评估,合理确定城市选址及用地空间布局,把好安全底线是基本前提。随着城市扩张,一些不适合作为城市发展的地区,如地震、洪水等地质灾害频发的高风险地区也被规划进来。这些高风险区域很容易引发城市安全问题。所以,在城市规划之初,应把风险评估作为前置条件,科学评价风险影响,及早避让高风险地区。

例如四川老北川县城曲山镇处于映秀和擂鼓两大地震断裂带的交会处。2008年"5·12"汶川地震几乎将北川县城夷为平地。其中,曲山镇位于地质灾害风险极高地区,在原址进行北川县城重建既不合适也无可能。经多方研究论证,综合考虑安全、交通、空间发展条件等因素,新北川县城选址在安昌镇东南方向面积约 $10 km^2$ 的河谷平坝至盆地的过渡地带。

陈志芬表示,在城市规划阶段除了要注意灾害影响,降低灾害风险还应在充分考虑土地、水资源、能源、生态环境承载力等支撑条件的基础上,再确定城市的规模、发展方向、空间布局和产业布局。这才能最大限度地降低因基础设施支撑能力、资源环境承载力不足带来的城市安全问题(孟飞,2018)。

此外,随着城镇化进程加快,一些本来建在城市下风向、城市水源下游的化工企业,逐渐被城市包围,并和居民区掺杂在一起,成为重大安全隐患。《意见》指出,要加快推进城镇人口密集区不符合安全和卫生防护距离要求的危险化学品生产、储存企业,进行就地改造达标,或搬迁进入规范化工业园区,或依法关闭退出。

陈志芬建议,一些危险源可以搬迁,但还有一些危险源,比如加油站、燃气储备站等能源供应设施,和城市生活密切相关,彻底迁出城市并不现实。对于这些危险源单位,在规划布局上要留足安全和卫生防护距离,还要结合企业管理创新,大力推进企业安全生产标准化建设,提升安全生产管理水平。城市选址和规划布局首先要避开危险地段,远离危险源。如果危险源确实不能避让,应严格限制危险源周边用地布局和规模,合理确定避让范围,控制危险源量级,做好应急安排。袁宏永也强调,危险源毕竟是安全隐患,不适合布局在城市人口密集区的行业企业,能迁走的应尽量迁走(孟飞,2018)。

3. 安全管理谁都不可缺席

推进城市安全发展不只是政府一方的责任。无论社会团体、企业还是城市中的每一个人,都是城市安全发展的受益者,也应是安全发展的责任人。《意见》提出,鼓励引导社会化服务机构、公益组织和志愿者参与推进城市安全发展,完善信息公开、举报奖励等制度,维护人民群众对城市安全发展的知情权、参与权、监督权。

陈志芬认为,在推进城市安全发展过程中,可以充分调动市场的力量,通过保险和灾害基金的形式,为安全发展保驾护航。在保险方面,除了传统的交通险、财产险、意外险外,建立洪水、台风、地质灾害、地震等巨灾保险制度,可以提高城市安全发展的保障能力(孟飞,2018)。

据了解,深圳市结合超大城市安全的新形势和新问题,为推动事故灾害、医疗卫生、公共治安等方面保险政策的创新和完善,建立了"政府+市场"复合型保险模式,充分运用分保、再保险、资产证券化等手段,推进了公益性保险和商业性保险协同发展。

业内专家表示,调动市场力量不是让社会资本无偿付出。随着城市安全越来越多地受到重视,安全装备、新技术、管理服务等都拥有巨大的市场。政府可以通过制定安全行业标准,为社会资本的进入提供优良的环境,在让安全产业发展壮大的同时,夯实城市安全水平。

当前,政府在推进城市安全发展中还是主导力量,但作用的发挥可以更加灵活。袁宏永举例说,广东某市主体工业发达、安全水平高,对当地财政贡献大。在主体工业企业的周围,存在大量的相关配套工业,不少配套工业企业较低端且安全水平不高,但吸纳就业能力强。当地没有对低端产业一刀切式地关停,而是采用财政补贴的方式用主体工业补贴配套工业,对其在安全防护和教育上进行帮扶,形成了安全发展的良性循环(孟飞,2018)。

袁宏永认为,无论是市场还是政府,抑或是技术和管理,都解决不了所有的安全问题。即使是相同的技术和管理规则,执行人的安全素质不同,结果也会不同。加强市民安全文化教育,提升个人安全素质和技能,营造关爱生命、关注安全的社会氛围,才能让城市安全管理更容易一些(孟飞,2018)。

(二)城市规划建设发展上限、下限

城市规划是为了实现一定时期内城市的经济和社会发展目标,确定城市性质、规模和发展方向,合理利用城市土地,协调城市空间布局和各项建设所做的综合部署与具体安排。城市规划是建设城市和管理城市的基本依据,在确保城市空间资源的有效配置和土地合理利用的基础上,是实现城市经济和社会发展目标的重要手段之一。

城市规划建设主要包含两方面的含义,即城市规划和城市建设。所谓城市规划是指根据城市的地理环境、人文条件、经济发展状况等客观条件制订适宜城市整体发展的计划,从而协调城市各方面发展,并进一步对城市的空间布局、土地利用、基础设施建设等进行综合部署和统筹安排的一项具有战略性与综合性的工作。所谓城市建设是指政府主体根据规划的内容,有计划地实现能源、交通、通信、信息网络、园林绿化以及环境保护等基础设施建设,将城市规划的相关部署切实实现的过程。一个成功的城市建设要求在建设的过程中实现人工与自然的完美结合,追求科学与美感的有机统一,实现经济效益、社会效益、环境效益的共赢。

要建设好城市,必须有一个统一的、科学的城市规划,并严格按照规划来进行建设。城市规划是一项系统性、科学性、政策性和区域性很强的工作。它要预见并合理地确定城市的发展方向、规模和布局,做好环境预测和评价,协调各方面在发展中的关系,统筹安排各项建设,使整个城市的建设和发展达到技术先进、经济合理、"骨肉"协调、环境优美的综合效果,为城市居民的居住、劳动、学习、交通、休息以及各种社会活动创造良好条件。

城市规划又叫都市计划或都市规划,是指对城市的空间和实体发展进行的预先考虑。其对象偏重于城市的物质形态部分,涉及城市中产业的区域布局、建筑物的区域布局、道路及运输设施的设置、城市工程的安排等。

1. 对经济进行宏观调控

在市场经济体制下,城市建设的展开在相当程度上需要依靠市场机制的运作,但纯粹的市

场机制运作会产生"市场失效"现象,已有大量的经济学研究对此予以论证。因此,需要政府对市场的运行进行干预,这种干预的手段是多样的,既有财政方面的(如货币投放、税收、财政采购等),也有行政方面的(如行政命令、政府投资等)。而城市规划则通过对城市土地和空间使用配置的调控来对城市建设及发展中的市场行为进行干预,从而保证城市的有序发展。

城市的建设和发展之所以需要干预,关键在于各项建设活动和土地使用活动具有极强的外部性。在各项建设中,私人开发往往将外部经济性利用到极致,而将自身产生的外部不经济性推给了社会,从而使周边地区受到不利影响。在通常情况下,外部不经济性是由经济活动本身所产生,并且对活动本身并不构成危害,甚至是其活动效率提高所直接产生的,在没有外在干预的情况下,活动者为了自身的收益而不断提高活动的效率,从而产生更多的外部不经济性,由此而产生的矛盾和利益关系是市场本身所无法进行调整的。因此,就需要公共部门对各类开发进行管制,从而使新的开发建设避免对周围地区带来负面影响,从而保证整体利益。

2. 保障社会公共利益

城市是人口高度集聚的地区,当大量的人口生活在一个相对狭小的地区时,就产生了一些共同利益要求,比如重组的公共设施(如学校、公园、游憩场所等)、公共安全、公共卫生和舒适的生活环境等,同时还涉及自然资源和生态环境的保护、历史文化的保护等。这些内容在经济学中通常都可称为"公共物品"。由于公共物品具有非排他性和非竞争性的特征,即社会上的每一个人都能使用这些物品,而且都能从使用中获益。因此,对于这些物品的提供者来说就不可能获得直接的收益,这就与追求最大利益的市场原则不一致。因此,在市场经济的运作中,市场不可能自觉地提供公共物品。这就要求政府进行干预,这是市场经济体制中政府干预的基础之一。

城市规划通过对社会、经济、自然环境等的分析,结合未来发展的安排,从社会需要角度对各类公共设施进行安排,并通过土地使用的安排为公共利益的实现提供了基础,通过开放控制保障公共利益不受损害。例如根据人口的分布等进行学校、公园、游憩场所以及基础设施等的布局,满足居民的生活需要并且使设施使用方便,创造适宜的居住环境,同时能使设施的运营相对比较经济、节约公共投资等。同时,在城市规划实施过程中,保证各项公共设施与周边的建设相协同。

对于自然资源、生态环境和历史文化遗产以及自然灾害易发地区等,通过空间管制等手段予以保护和控制,使这些资源能够得到有效保护,使公众免受地质灾害的损害。

3. 协调社会利益,维护公平

社会利益涉及多方面,就城市规划的作用而言,主要是指由土地和空间使用所产生的社会利益之间的协调。就此而论,社会利益的协调也涉及许多方面。首先,城市是一个多元的复合型社会,而且又是不同类型人群高度聚集的地区,各个群体为了自身的生存和发展都希望谋求最适合自己、对自己最为有利的发展空间,因此也就必然会出现相互之间的竞争,这就需要有调停者来处理相关的竞争性事务。在市场经济体制下,政府就承担着这样的责任。其次,通过开发控制的方式,协调特定建设项目与周边建设和使用之间的利益关系。

4. 改善人居环境

人居环境涉及许多方面,既包括城市与区域的关系、城乡关系、各类聚居区(城市、镇、村庄)与自然环境之间的关系,也涉及城市与城市之间的关系,同时还涉及各级聚居点内部各类要素之间的相互关系。城市规划综合考虑社会、经济、环境发展各个方面,从城市与区域等方面入手,合理布局各项生产和生活设施,完善各项配套,使城市的各个发展要素在未来发展过程中相互协调,满足生产和生活各个方面的需要,提高城乡环境的品质,为未来的建设活动提供统一的框架。同时,从社会公共利益的角度实行空间管制,保障公共安全,保护自然和历史文化资源,建构高质量的、有序的、可持续的发展框架和行动纲领(曹晖,2019)。

(三)城市可持续发展

城市可持续发展,又称城市持续发展,与此相近的还有城市可持续性、可持续城市和生态城市3个名词。这3个名词分别从不同角度(城市可持续发展强调事物的发展过程,城市可持续性和可持续城市则更注重事物发展的条件和状态,而生态城市则注重城市可持续发展的环境生态学方面)表述了可持续发展思想在城市发展中的应用,而对于城市如何向可持续发展方向的演进,它们的内涵则完全一致。自从城市可持续发展这一命题被提出后,不同的学者从不同的角度对其内涵进行了深入的讨论。

1. 资源角度

城市可持续发展是一个城市不断追求其内在的自然潜力得以实现的过程,其目的是建立一个以生存容量为基础的绿色花园城市。Walter 等(1992)认为,城市要想可持续发展,必须合理地利用其本身的资源,寻求一个友好的使用过程,并注重其中的使用效率,不仅要为当代人着想,同时也要为后代人着想。

城市可持续发展从城市发展的基础资源这一角度入手,着重说明了资源及其开发利用程度间的平衡,是可持续必须遵循的一个原则。

2. 环境角度

城市可持续发展是公众不断努力提高自身社区及区域的自然、人文环境,同时为全球可持续发展作出贡献的过程。Tjallingii(1995)在谈到越来越严重的城市环境问题时,指出绝对不能随意地把这些环境问题留给后代或更大范围甚至全球,这是一种责任和义务。他从这一特性出发称可持续城市为责任城市(Responsible City)。Walter 和 Tjallingii 两位学者都隐含了利用环境生态规律来解决城市环境问题,这是城市可持续发展所面临的一个基本问题(张俊军等,1999)。

3. 经济角度

城市可持续发展是指在全球实施可持续发展的过程中,城市系统结构和功能相互协调,具体说是围绕生产过程这一中心环节,通过均衡地分布农业、工业、交通等城市活动,促使城市新的结构、功能与原有结构、功能及其内部的和谐一致,这主要通过政府的规划行为达到。

世界卫生组织(WHO)提出,城市可持续发展应在资源最小利用的前提下,使城市经济朝更富效率、稳定和创新方向演进。Nijkamp 和 Perrel(1994)也认为,城市应充分发挥自己的潜力,不断地追求高数量、高质量的社会经济和技术产出,长久地维持自身的稳定,巩固其在城市体系中的地位与作用。对大多数城市来讲,特别是第三世界城市,只有提高城市的生产效率及物质产品的产出才能使城市永葆生命活力(许光清,2006)。

4. 社会角度

Yiftachel 和 Hedgcock(1993)提出,城市可持续发展在社会方面应追求一个人类相互交流、信息传播和文化得到极大发展的城市,以富有生机、稳定、公平为标志,而没有犯罪等行为。Tjallingii 也指出,可持续城市社会特性包括两个方面:一方面可持续城市是生活城(Living City),应充分发挥生态潜力为健康的城市服务,把城市作为整体考虑,满足不同的环境,适应城市中不同年龄、不同生活方式人们的需要;另一方面可持续城市是市民参与的城市(Participating City),应使公众、社团、政府机构等所有的人积极参与城市问题讨论以及城市决策(王瑛和唐善茂,2009)。

第二节 城市地质研究历程

一、国外城市地质

(一)城市地质的起源

城市地质活动最早开始于 19 世纪末,德国开展了特殊地质填图,形成了为城市规划服务的土壤图集;第二次世界大战后经济迅速复苏,欧洲、北美等国家的城市地质活动显著增加,多以大比例尺城市地质填图为主;国外城市地质工作大约是在 20 世纪 20 年代末开展的,具有代表性的是德国绘制了用于城市规划的特殊土壤分布图。20 世界 30 年代末,德国出版了标记着各种土地利用适宜性的 1:1 万和 1:500 的地质图,并用于 Bodenatlas 的城市扩建规划;第二次世界大战后,随着人口增长和经济复苏,城市地质工作日益频繁,特别是在欧洲和北美地区,如德国、捷克斯洛伐克(捷克斯洛伐克于 1992 年解体为捷克、斯洛伐克)和荷兰等国家实施了系统的城市地质填图计划,主要是对城市地区土壤和岩石的自然属性进行填图,用于指导城市规划和建设,其中典型代表是 Prague 城市的 1:5000 地基地质填图,包含建设层地基岩土的物理力学参数等工程地质信息,并且该城市大量的数据和图件在不断地更新。这一时期,德国有 10 多个城市完成了土地利用主题填图。尽管这些图件在城市规划中发挥了重要作用,但总体来说其可读性较差;图件及附注中包含了土壤自然属性和土地利用适宜性的信息,但多为定性描述。这主要是由于土工实验数据以及在原位或实验室条件下水文地质测试数据的有效性较低。

(二)城市地质的发展历程

城市地质的主体工作是主题应用填图,为城市各类规划、建设和管理提供决策支持。随着第二次世界大战后美国经济的高速增长以及其后的城市扩张,大量的地质工作者开始展开对城市地质的研究工作。例如 20 世纪 60 年代末至 70 年代,美国、欧洲各国分别开展了城市地质数据、城市地质信息定量描述和预测人类活动对城市发展的影响方面相关研究,逐渐发展创立了城市地质学科,仅洛杉矶就有 150 多名地质学家在从事城市地质研究工作。同期,地质数据在加拿大城市规划和管理中的应用取得了突破性进展。至此,工业化国家更加关注城市中自然环境的改变和大量废弃物造成的污染,废弃物处理场的选址成为城市地质工作者新的研究领域,应用地球化学解决废物污染问题迅速地成为一种发展趋势。最早在德国出现对土壤纳污潜力和污染容量极限的研究,生成"地质潜力图"来为城市规划服务,这套填图系统后来被其他许多国家应用。这一时期美国地质调查局绘制了许多城市地质图件,许多欧洲国家也开展了一些特殊研究,包括寻求最合适的方法在城市化地区的图件上展现地质数据。西班牙的许多城市地区开展了用于城市规划的1∶2.5万岩石土壤填图工作,初步查清了不同类型地表浅层岩土的分布范围,如在马德里开展了1∶40万到1∶10万的填图工作。

可见,这一时期欧美发达国家的城市地质工作取得了重大进展,表现为:首先,城市地质工作内容延伸到水土污染调查评价、地质资源潜力及其开发利用评价、城市废弃物的处置及应用地球化学方法进行污染治理等多个方面,体现了调查与治理的相结合;其次,工作区域从单个城市扩展到城市群地区,同时注重城市地质为环境规划和土地利用规划服务,提高了成果的实用性;最后,各种专业信息系统相继建立,这一时期约有300个系统投入使用,以获取和处理地质、地理、地形和水资源信息。

20世纪80年代,城市地质迅速受到社会普遍关注,城市地质工作典型特征为电子自动化技术在填图中的应用。与此同时,发展中国家特别是亚太地区纷纷启动城市地质相关研究工作。20世纪70年代末至80年代初,水文地质和岩土模型应用的加强使定量描述与预测人类活动对地球圈层的影响成为可能,这一时期城市地质工作的一大特点就是主题填图从定性到定量的过渡。例如荷兰开展了由土地开垦造成的地面沉降的危害研究,并在一些城市地区开展了侵蚀和沉积作用的影响研究。电子数据技术的采用带动了全新的主题填图工作,从而使规划者、决策者和工程师能够比过去更加容易地获取这些主题图,并根据需要及时地提取有用信息。主题图的编制更多地采用了定量化指标,并尽量简化了图面内容,使得非地质专业的用户更加容易地理解图面信息。东南亚和太平洋地区从20世纪80年代中期开始,启动了城市地质的研究工作。这项工作主要是在亚太经社会(United Nations ESCAP,全称联合国亚洲及太平洋经济社会委员会)的推动下开展的,到目前为止,已经出版了9卷城市地质文集,主要介绍了包括中国、孟加拉国、斐济、印度尼西亚、马来西亚、尼泊尔、巴基斯坦、菲律宾、朝鲜、斯里兰卡、泰国和越南在内国家专门的城市地质研究与现状报告。早在20世纪70年代,印度的Calcutta城市便开展了城市地质工作并出版了一系列的城市岩土研究报告。在非洲,除了多哥外,其他国家均未开展过重大的城市地质工作。这一时期城市地质工作的另一大特点是对地质资源保护意识的增强。地下水资源研究从注重水量转变为水质和水量并重,解决含水层污染问题从调查治理转变为预防与治理相结合。地下水可供能力、地下含水层脆弱性评价研究与编图作为对地下水资源进行保护的重要措施得到高度重视,并成为20世纪80年代后期城市地质工作的主题。20世纪80年代末,美国、意大利、荷兰、德国、瑞典、英国等国家相继出版了1∶1万~1∶100万不同比例尺的地下水脆弱性图,为政府官员、规划者和管理者了解土地利用活动与地下水污染之间的关系、识别地下水易于污染的高风险区、编写地下水保护的方针政策和管理方案提供了依据。

20世纪90年代开始,城市地质工作进入了新发展时期,促进城市社会、经济、环境可持续发展的任务目标进一步明确,工作方法也有所创新。典型的有英国地质调查局开展的"伦敦计算机化地下与地表项目";德国将城市地质工作重点转向环境调查研究,建立了地学与行政管理综合数据库,支持政府决策。20世纪90年代至今,是国际城市地质工作新的发展时期,保障人类生命财产安全和促进城市社会、经济、环境可持续发展的城市地质工作目标进一步明确,工作思路和工作方法也有所创新。例如20世纪90年代初期英国地质调查局启动了"伦敦计算机化地下与地表项目(LOCUS)"。该项目的目标是绘制用于土地利用规划、土木工程建设和解决地质环境问题的各种主题图件。这项工作是基于包含20 000多份钻孔描述资料的数字化数据库和具有强大功能的GIS与模型技术完成的。德国地质调查局将工作重点由矿产勘查转向环境调查研究,主要开展了城市及其周围地区的环境地球化学调查、污染评价、垃圾场污染的调查、评价及污染监控、治理等环境地质工作,建立了城市行政机关、地质调查所的综合数据库,并获取其他广泛的地学知识,为城市规划建设和地下水利用提供服务。2000年,英国地质调查局启动了"城市地球科学研究项目",旨在为城市发展提供综合的地质信息。该项目分为地表矿床特征、三维岩体特征和信息系统研发3类6个主题研究子项目。2003年,Quaternary International 刊出了 Urban and Quaternary Geology, New Zealand and Eastern Australia 以及 The Shaping of Sydney by Its Urban Geology。这两篇文章论述了这些地区城市地质条件和面临的问题,阐述了城市地质如何融入城市规划、土地利用、防灾减灾中,指出城市空间布局和发展战略要适应地质资源及地质环境条件。2008年8月,第三十三届国际地质大会在挪威首都奥斯陆召开,大会的主题是"地球系统科学——可持续发展的基石"。此次大会关于城市地质的内容也很多,其中国外城市地质成果介绍中最具代表性的为挪威国家地质调查局在奥斯陆地区开展的城市地质调查项目。项目主要研究内容有10个方面,即氡灾害、地面沉降、城市土壤污染、地热、砂矿资源、地下水、矿产地质、基底稳定性、基底监测、地质教育等。

  在这一时期,一方面城市地质的工作思路注重以整体观点研究城市地质问题。城市地质工作从解决比较简单的规划建设问题深入到解决更为复杂的区域整体开发和决策问题。如美国于1991年开始实施水流域综合保护计划,将分散的水资源保护研究转向使用水流域的研究,在统一的水文地质单元内共同解决水资源的可供能力、水资源污染和生态环境恶化问题,使管理者能够从整个水流域全面地考虑影响水资源的各种作用。对于城市灾害,则注重对群发或诱发的灾害系统研究,研究灾害的影响面、易损性和对灾害的反应。近年来,在国际地质科学联合会(IUGS)环境规划地质科学委员会的倡导下,西方国家正着手建立反映地质过程和地质现象变化大小、频率和趋向的地质指标体系,并将地质指标与城市的经济、社会、环境指标结合起来,从整体来考虑城市的建设和发展。另一方面城市地质工作注重实施全面保护城市地质环境、超前服务于城市可持续发展的战略。这一战略的确定正是对过去城市化过程中忽视环境、忽略地学信息造成城市灾害频发的后果作出的深刻反思。如美国在地下水污染治理方面位居世界前列,最近十几年内仅清理油渗漏造成土壤和含水层污染的费用就高达数千亿美元。由于对复杂的水文地质条件认识不足,所采用的抽取-处理技术并未达到预期效果。如今美国科学家已经认识到,最成功的污染治理战略将是对土壤和地下水污染场地及其周围地区实施风险管理战略。类似的如城市快速发展而防灾、减灾措施相对滞后导致的城市灾害影响面扩大和易损性增强,已经影响或制约了城市的可持续发展。为此,地质灾害风险性评估、水土污染风险识别、地下水可供能力、城市脆弱性评价以及建立环境变化的地质指标等作为对城市地质环境实施保护的超前服务工作,成了20世纪90年代至今城市地质工作的重点和热点。

21世纪开始,"动态化、超前化"是发达国家城市地质工作新的特点。以整体观研究城市地质问题的工作得以深化,以适当指标体系定量表征城市地质质量,并将其纳入城市环境总体管理的轨道(曹晖等,2019)。

在技术方法上,多学科、多目标、多种技术方法的交叉配合,提高了城市地质工作的质量和效率,增强了其解决实际问题的能力。如利用探地雷达、高分辨率地震探测、层析成像等先进技术进行工程和地质灾害勘察取得了显著功效,尤其利用GIS、RS、GPS技术进行城市地质调查、地质灾害监测与防治,采集多学科地学信息,建立GIS平台的地学信息空间数据库和自然灾害风险评估的决策支持系统,较好地满足了城市地质快速适应城市发展的需求(吕敦玉等,2015)。

(三)城市地质的未来

纵观国外城市地质工作的开展历程,经历了工作内容从单纯查清地质条件到涵盖废弃物处置、水土污染防治、地质灾害风险性评估、地下水脆弱性评价、多目标地球化学、生态地质调查等多种内容的综合调查研究;对城市地质环境的调查与编图从定性描述深入到定量评价;工作思路从调查分析单一的地质问题转变为从整体上综合考虑城市规划、发展的需求,超前服务于城市社会、经济的可持续发展;工作区域从单个城市扩展到城市群地区乃至国土规划经济开发区;技术方法从利用水文地球化学和地球物理技术的勘探开发服务拓展为多学科和多种先进的勘察、检测、分析技术相互结合的多目标服务;地质信息从编制纸质的图件、报告提升到建立空间数据库和GIS平台上的地学信息系统,实现信息及时更新、动态评价和社会共享。进入21世纪以来,随着世界城市化进程的加快,城市地质灾害问题日益突出,已成为城市可持续发展的重要制约因素,使得城市地质研究越来越被重视。

1. 城市地质工作理论更加系统更加完善

城市地质工作秉承科学发展观的基本内涵,融合多学科理论观点,形成以确保城市地质生态安全为主题、实现人与自然和谐发展的理论体系,推崇尊重自然规律和社会规律,实现社会经济在地质环境容量允许、质量良好的前提下加快发展。应特别加强对三维建模、地质灾害风险管理的理论研究,建立地下水、土壤污染评价理论体系。

2. 城市地质工作的深度及服务应用领域将不断拓展

目前,城市地质工作更多地侧重于城市基础性地质调查填图和评价工作,如基岩地质、第四纪地质、水文地质与工程地质调查等,另外针对环境地质问题或地质灾害开展调查评价工作,如活动断裂、地面沉降、水土污染等。在获得区域地质背景基础上,针对应用开展更深层次的研究工作将是今后城市地质工作的一个重要方向。此外,城市地质的许多工作内容也正在结合应用开展更深层次的研究工作,如工程地质结构应用于地下空间开发和地下地基管理,水文地质应用于地下工程开挖承压水问题,地球化学应用于土壤监测、修复与治理,岸带冲蚀与淤积应用于滩涂资源管理等。

3. 以GIS为平台的数字城市地质资料集群化系统将更加智能

地质资料信息服务集群化是今后地质工作的重要方向之一,城市地质资料的集群化工作将是必然趋势,是城市地质实现服务多元化目标的基础。目前,城市地质信息管理平台大多具备地质资料数据库的管理功能、地质成果图件的展示功能,今后将朝着更多专业模块融合、专业分析、综合评价、应急管理等更智能的方向发展。同时,城市地质信息管理平台如何实现与土地资源管理平台、城市规划管理平台、城市建设管理平台的衔接也是一个重要方向。例如英国为确保及时满足城市发展对地质科学信息的需求,形成对各种城市地质问题具有快速反应能力、基于GIS平台的地质科学信息基础数据库信息化系统。英国地质调查局地质工作小组还在泰晤士河口地区开展了地球科学数据信息系统建设项目。这在很大程度上反映了当今发达国家城市地质工作的基本趋势。

4. 土壤和地下水污染风险识别与评价及其治理仍是今后城市地质工作的重点

近年来,地下水污染治理已成为城市地质工作的重点,并被一些国家提高到保护人类健康和社会持续发展的高度来看待。地下水污染治理经历了以下的历程:20世纪70年代,地下水治理与恢复的战略为"识别→修复",即识别地下水的污染场地,对其进行治理;80年代地下水治理与恢复的战略为"预测→防治",即对地下水污染场地的污染潜力进行预测,并采取必要的防治措施,以免污染进一步扩大;进入90年代后,采用以风险评价为基础的地下水治理与恢复的战略,即为保护人类健康和生态环境的长期经济可持续发展,对地下水资源进行全面保护。尤其是在美国,科学家已经认识到最成功的污染治理战略是对土壤和地下水污染场地及其周围地区实施风险管理战略,即通过风险评价识别减轻污染的途径,并以某种方式对污染进行遏制来保护人类健康和环境。这是最近几年污染治理的新动向。原位生物治理技术是治理地下水污染和土壤污染的一种很有前景的技术,然而由于对地下环境中微生物的作用过程认识不够,目前国际上真正费用低、效果好的原位生物治理技术仍很有限。动力控制与原位微生物方法联合治理地下水污染是今后发展的方向,并且是未来遏制污染、降低污染处理费用的有效途径。

5. 地下水动力系统的变化对城市基础设施的影响已引起广泛关注

在城市发展的初期,经济快速发展,用水量急剧增加,导致大量抽取地下水,使地下水水位普遍下降,从而引起系列工程和环境问题,如黏土压实引起地面沉降、地裂缝,使工程地基和地下工程不稳定,咸水入侵和水质恶化,水井掉泵等问题。在城市发展的成熟阶段,地下水上升会引发一系列的水土、工程和环境效应。人们认为城市化最明显的影响因素是道路铺沥青和浇筑混凝土使土地表面透水性不好。

最近的研究表明,城市地区地下水总的补给大多是增加的。原因是:在不透水地方的边缘,入渗增大;供水系统的渗漏;污水系统、化粪池和工业污水的渗漏,特别是在发展中国家排污设施条件差或没有排污设施的地方;绿地和树木的过度浇灌,增大补给。城市地下水总补给量的增加可以大大抵消由于城市化地面不透水所引起的任何地下水补给的减少量。这种补给的增加不仅改变了地下水的动态平衡(使地下水水位上升),也改变了地下水的水质,引起地下水的污染。地下水补给增多对地下工程的稳定性也产生重要的影响,主要表现在:突水对地基和隧道的破坏;承载力的下降和一些建筑物的下沉,对地下构筑物的侵蚀作用增加,地下水构筑物的抬升和结构的破坏;对地下水污水管道和化粪池的破坏,使污染物进入地下水中,使人类健康和环境处于风险之中,污染物和有毒气体从污染的土壤中迁移。这一系列问题都将是未来城市地质工作的研究热点。

6. 城市地质调查正在更多地区不同类型的城市开展

城市地质调查从20世纪初开始到现在，已经过百余年，世界上许多城市已经开展过城市地质调查，如洛杉矶、柏林、东京、伦敦和莫斯科等都开展过相对综合的城市地质调查并出版了相关著作，如《莫斯科城市地质》。目前，有更多的城市正在开展城市地质调查工作，如我国的上海、北京、天津、广州、南京和杭州，国外如挪威的奥斯陆、芬兰的赫尔辛基等。其中，挪威奥斯陆城市地质调查覆盖了地质结构、地质资源、地质灾害等方面内容。非洲的许多国家城市地质调查也正在许多城市开展，比如尼日利亚的拉各斯、埃及的开罗等。由我国国土资源部组织开展、中国地质科学院水文地质环境地质研究所承担的全国306座城市地质问题摸底调查工作，历经8年于2012年完成。此次调查将我国城市按所处地貌环境分为平原、盆地、低山、丘陵、山地和高原等类型，对各类型城市地质问题现状和危害进行了调查评价。调查显示，位于不同地貌类型地区的城市，其地质问题各具特点，城市发展适宜性也不同，在进行城市地质工作时有必要分类进行研究。

7. 地质灾害调查与监测是城市地质的重要内容之一

地震、滑坡、泥石流、地面沉降、水土污染和岸带冲淤等地质灾害将直接影响城市的可持续发展，每个城市都面临不同的地质灾害。调查显示，在中国地级市以上城市建成区范围内，近10年间滑坡、崩塌、泥石流和塌陷等地质灾害共造成529人死亡，规划区范围内造成3681人伤亡，毁坏房屋24万余间；近30年来，城市规划区范围内各类城市地质问题累计造成经济损失约32 000亿元（吕敦玉等，2015）。可见，地质灾害调查与监测仍将是未来城市地质的重要内容之一，并且今后除继续开展地质灾害调查之外，更应侧重地质灾害动态监测与预警预报：如何将地面沉降监测与轨道交通安全运营结合起来开展预警预报工作，如何建立覆盖不同建设用地类型、农用地类型的土地质量动态监测网，海岸带冲蚀淤积监测如何与跨海大桥、重点岸堤保护结合等，地震、滑坡、泥石流等地质灾害如何监测及如何启动应急响应机制等。

8. 调查、监测和测试等方法技术会不断革新

随着城市管理的要求逐步提高，城市地质调查对方法技术要求越来越高，比如通过提升地球物理探测技术获得工程地质、水文地质、土壤污染等参数信息，通过卫星遥感技术的改进监测区域地面沉降、水土污染、岸带冲淤等，如何在现场快速圈定受污染土壤的范围，地震、滑坡及泥石流的监测预警预报技术的需求也非常迫切。另外，测试质量水平将直接影响地质评价的结果，如目前土壤地球化学元素测试技术还不能完全满足土地质量动态监测的较高要求，某元素的检出限误差可能比实际年度变化量高许多，年代测试的准确与否将直接决定地层归属，水土有机污染物测试结果的重复性检验较差将直接影响结果的准确性。调查、监测及测试等方法技术的不断革新将是今后完善城市地质工作的重要途径之一。

9. 城市地质工作机制建设越来越被重视

城市地质如何融入城市规划建设与管理的机制建设将是决定城市地质发展动力的关键所在，今后城市地质服务机制的建立和完善将是一个重要的发展趋势，如城市地质工作模式由问题推动型到理念发展型的发展,城市地质工作与区域经济发展规划结合机制的形成,城市地质工作如何融入城市规划管理流程、土地资源管理流程等政府管理主流程,城市地质信息更新与共享服务机制建设等(吕敦玉等,2015)。

二、国内城市地质

与世界上发达国家相比,我国城市地质工作起步较晚,但发展较快。20世纪50年代,我国先后在北京、西安、包头、呼和浩特、保定、石家庄等城市进行了以水资源为重点的城市地质勘探工作。全国性的城市地质工作始于1983年对包括北京、天津、上海及各省会城市在内的27个城市的"中国2000年城市地下水资源及环境地质问题预测研究"。1984—1985年,在全国30多个中心城市开展了1∶5万区域地质调查工作。1989年,在100余座城市中开展了为城市规划建设和管理服务的综合勘察、地质论证、供水勘查、工程地质及环境地质勘查等方面的城市地质工作,并在北海、三亚、秦皇岛、汕头、石家庄、桂林等38个城市开展了为城市规划决策服务的综合评价城市地质工作。当前,我国正积极推进城市地质工作的根本改革,城市地质工作日益受到各级政府部门的重视。

(一)我国城市地质经历的阶段及特点

我国城市地质的发展历程大体可分为5个阶段。过去的50多年间,我国的城市地质工作获得了长足的发展,但各个时期都有其局限性,分析各时期的局限性有助于今后城市地质的发展(表0-1)。

表0-1 城市地质发展各阶段标志事件和成就(王慧军等,2019)

发展阶段	时间	标志性事件	主要成就
第一阶段	1979年以前	(1)20世纪50年代,在北京、西安、包头、石家庄等城市开展了供水水源地勘查、地下水开采和动态监测工作; (2)1956年实施《上海市深井管理办法》; (3)20世纪60—70年代,开展了多种比例尺的区域性水文地质、工程地质、环境地质调查、地面沉降评价等工作; (4)1964年召开全国性地面沉降学术讨论会; (5)1965年中国地质学会第一届全国水文地质工程地质学术会议	(1)查明了地下水的形成条件、分布规律,掌握了地下水的补给、径流、排泄条件和水文地球化学特征,并对地下水资源进行了评价; (2)建立了全国重点城市、重点地区的地下水动态监测站
第二阶段	1979—1989年	(1)1983年,北京市政府、地质矿产部、城乡建设环境保护部联合开展了北京地区航空遥感方法调查,拉开了我国大规模城市地质工作的序幕; (2)1986年,地质矿产部与城乡建设环境保护部共同组织召开了全国城市地质工作会议; (3)编制了《城市地区1∶5万区域地质调查的理论和方法》; (4)1987年,成立了中国地质学会环境地质专业委员会,并召开学术交流大会	(1)完成了长江和黄河流域、17个国土综合开发重点地区、21个沿海开放城市、80多个严重缺水城市以及京津沪等75个主要城市的调查工作; (2)出版了《中国2000年城市地下水资源及环境地质问题预测报告》; (3)完成了130多个城市的1∶5万区域地质调查工作

续表 0-1

发展阶段	时间	标志性事件	主要成就
第三阶段	1990—1999 年	(1)1996 年,发布了《上海市地面沉降监测设施管理办法》以保护地面沉降监测设施; (2)利用 3S 技术进行城市地质工作成为新一轮国土资源调查的主流工作模式; (3)1990 年和 1998 年分别在上海、天津召开了全国性地面沉降学术讨论会议; (4)1999 年,将城市地质调查作为国土资源大调查的一项主要任务; (5)20 世纪 90 年代末,开展了"西北地下水计划"	(1)基于 3S 技术建立了 GIS 平台上的地质信息空间数据库和信息系统,调查省会级城市的环境地质问题,划分环境地质类型,并建立了与地质信息配套的 GIS 数据库和各类图件; (2)在西部干旱地区开展的找水工作,极大地缓解了当地的人畜用水紧缺问题,取得了明显的社会效益
第四阶段	2000—2009 年	(1)2002 年,东部城市集中区立体填图试点工作研讨会在南京召开; (2)2004—2012 年,开展了全国主要城市环境地质调查; (3)2004—2009 年,进行了三维城市地质调查; (4)自 2005 年起,在西南山区、湘鄂桂山区、西北黄土地区等地质灾害频发地区,开展了 1∶5 万地质灾害详查,覆盖 151 个县级城市; (5)在华北平原、汾渭盆地、长江三角洲等地区开展了大量地面沉降监测工作; (6)在各类重大工程区和城市群进行了区域地壳稳定性评价及活动断裂调查; (7)在全国范围内对土地质量和地下水污染情况进行了调查	(1)完成了 6 个城市的三维地质调查试点工作; (2)建立了三维可视化城市地质信息管理决策平台和城市地质信息服务系统; (3)初步查明了我国城市地质环境状况; (4)查明了徐州、广州、长沙、武汉等易发生岩溶塌陷的城市岩溶塌陷现状和成因; (5)建立了地面沉降监测网络
第五阶段	2010 年至今	(1)2010—2015 年,开展了京津冀、长三角、珠三角等重点城市群综合地质调查工作; (2)2014 年,国务院印发《国家新型城镇化规划(2014—2020 年)》; (3)2016 年,住房和城乡建设部编制了《城市地下空间开发利用"十三五"规划》; (4)2017 年,国土资源部发布《关于加强城市地质工作的指导意见》; (5)2017 年,国土资源部又发布了《城市地质调查规范》(DZ/T 0306—2017)、《地下水监测网运行维护规范》(DZ/T 0307—2017)、《区域地下水监测网设计规范》(DZ/T 0308—2017)3 项行业标准; (6)2017 年,中国地质调查局在全国城市地质调查工作会议上正式发布了《城市地质调查总体方案(2017—2025 年)》	(1)建立了各城市第四纪地层的三维地质结构、工程地质结构与水文地质结构,开展了区域地壳稳定性评价、建筑场地适宜性评价,科学评价了地下空间开发利用的适宜性程度,系统提出了地下空间开发利用过程中可能遇到或诱发的地质问题的防治对策和措施,建立了城市地质调查的技术规范和技术方法体系; (2)明确了未来城镇化的发展道路、主要目标和战略任务

1. 第一阶段(蹒跚起步):20 世纪 50—70 年代

20 世纪 50—70 年代,我国城市地质工作以基础地质调查为主,侧重于工程地质及水文地质调查。20 世纪 50 年代,在华北地区进行了水文地质条件的初步研究;对黄河部分区段堤坝进行了工程地质评价;在北京、西安、包头、石家庄等城市开展了侧重于水文地质方面的供水水源地勘查、地下水开采和动态监测工作(冯小铭等,2003;侯惠菲等,2004;罗国煜等,2004;唐辉明,2006;陈静等,2009)。20 世纪 60—70 年代,开展了多种比例尺的区域性水文地质、工程地质、环境地质、地面沉降调查工作。1965 年 3 月,中国地质学会在北京召开了第一届全国水文地质工程地质学术会议,划分了区域水文地质、编图及水化学组。自 20 世纪 60 年代开始,上海市开始开展地面沉降勘查,于 70 年代初在地面沉降机理和防治方面取得了突破性进展;同时全国重点城市、重点地区的地下水动态监测站开始建立(冯小铭等,2003)。

这一时期既是国内城市发展的起步阶段也是城市地质工作的起步阶段。我国引入城市地质概念较晚,城市规划建设之初未进行相关调查,导致城市在发展扩张阶段引发一系列问题。城市发展之初主要由工业化发展推动,因此这一阶段城市地质的主要功能是服务于工业化基础设施建设的工程地质、水文地质等基础地质调查。

2. 第二阶段(夯实基础):20 世纪 80 年代

20 世纪 80 年代,在配合城市发展要求的基础上,我国城市地质领域的学者重点研究了城市水资源供给、地质资源利用及环境地质问题,产出了一系列基础理论成果和图件,为之后的城市地质发展奠定了坚实基础。此阶段开展了地下水资源、城市环境地质、地下水污染、地面沉降等工作,同时开展了大量的区域调查及基础地质调查,为城市规划建设提供了重要的地质背景资料,保障了经济发展的有序进行。1983 年,北京地区开展了航空遥感调查,拉开了我国大规模城市地质工作的序幕。1985 年天津地质矿产勘查开发局将 Robert F Legget 编著的 *Cities and Geology* 译成中文,扩大了城市地质工作的影响(罗国煜等,2004;王学德,2006)。1986 年 7 月地质矿产部与城乡建设环境保护部组织召开了全国城市地质工作会议,出版了《中国 2000 年城市地下水资源及环境地质问题预测报告》,并编制了《城市地区 1:5 万区域地质调查的理论和方法》(高亚峰和高亚伟,2007;唐辉明,2006)。1987 年,中国地质学会环境地质专业委员会成立,并在北京召开了学术交流大会。至"七五"时期末,全国共完成 130 多个城市的 1:5 万区域地质调查工作(李烈荣等,2012;孙培善,2004)。

该时期城市地质工作以水文地质、工程地质和环境地质为主要内容,侧重于水文地质及环境地质,并成立了中国地质学会环境地质专业委员会(王芸生,1987),反映出当时对城市地质调查工作的需求、目标及内容的认识还较为局限。一些学者对此进行了详细的阐述,如孙培善 2004 年的《城市地质工作概论》、郑铣鑫 1989 年的《城市地质工作研究现状及趋势》、周平根 1998 年的《环境地质工程:环境地质学与工程的结合》、侯惠菲等 2004 年的《城市地质调查内容及其发展》、王孔忠 2003 年的《城市地质工作的需求与目标》等。

3. 第三阶段(摸清家底):20 世纪 90 年代

20 世纪 90 年代,开展了以城市为中心的水文、工程、环境综合调查,并在全国范围内进行重大地质灾害整治行动,结合"西部大开发"战略实施了"西北地下水计划"等重大项目,基本完成了全国范围内以地质灾害调查为主的1:50万环境地质调查评价(殷跃平,2002)。随着可持续发展理论的影响和计算机技术的广泛使用,基于3S技术建立了GIS平台上的地质信息空间数据库和信息系统,利用3S技术开展城市地质工作也成了新一轮国土资源调查的主流工作模式(陈华文,2004;杜子图等,2005;冯小铭等,2003;郝爱兵等,2017a;何中发,2010;李友枝等,2003;罗跃初和郝爱兵,2011;孙培善,2004)。长江三角洲(简称长三角)和环渤海经济区以水土污染、地下水可持续利用、地面沉降、废弃物处置为主要工作内容,开展了地下水资源和环境地质调查评价工作。长三角、天津、西安等城市和地区在地面沉降研究方面也取得了不同程度的进展。1964年、1980年、1988年、1990年、1998年分别在上海和天津召开了5届全国性地面沉降学术讨论会议,推动了地面沉降理论研究的发展(杜子图等,2010;翟刚毅等,2010)。1999年,中国地质调查局将城市地质调查作为国土资源大调查的一项主要任务,先后在北京、上海、杭州等地开展了城市地质调查试点(郝爱兵等,2017b;李万伦,2005)。1990—1999年的10年间,结合3S技术对国土资源、地下水、环境地质开展了进一步的调查工作,为城市管理者的决策提供了更为精准详实的参考数据。

本阶段城市地质工作的技术手段有了显著提升,但因缺乏系统的工作体系、明确的调查标准以及战略性规划,城市地质工作局限于借助3S技术手段进行相对传统的国土资源调查评价、环境地质调查和环境地质类型划分等工作。本阶段城市化的发展落后于工业化的发展,工业化带来的效益未能促进城市化发展,故而城市化速度远低于相同时期的工业化国家。

4. 第四阶段(全面发展):21世纪初的10年

进入21世纪,根据可持续发展的要求以及对城市地质调查认识的加深,我国进一步明确了城市地质工作的目标、思路和工作方法。第一轮城市地质调查工作以北京、天津、上海、南京、杭州和广州为试点,对城市地质工作体系进行摸索,编制了《中国城市地质调查工作技术指南》及《中国城市地质调查报告》系列图书,为城市地质调查工作提供了参考。2001年9月,首届岩溶地区可持续发展国际学术会议暨IGCP448-世界岩溶生态系统对比国际工作组会议在北京召开(陈从喜,2001)。2002年10月,东部城市集中区立体填图试点工作研讨会在南京召开,分析了城市经济区地质工作中存在的问题与需求,明确了城市地质调查的主要内容和方法,标志着我国新一轮城市地质调查工作拉开了序幕,城市地质工作正式进入试点阶段,2004—2009年进行了三维城市地质调查,2004—2012年开展了全国主要城市环境地质调查。自2005年起,在全国范围内开展了地质灾害、沉降监测、区域稳定性、土地质量、地下水污染等一系列地质调查工作,初步查明了我国城市地质环境状况。"十一五"期间,实现了中国陆域中比例尺地质调查全覆盖(翟刚毅,2004)。

21世纪初的10年间,我国开始了新一轮的城市地质调查工作,开展了三维城市地质调查,系统构建了城市地下三维结构,建立了三维可视化城市地质信息管理决策平台和城市地质信息服务系统。通过本阶段的工作,加强了城市规划的地学数据库信息化建设,深化了3S技术在城市规划设计中的应用,提升了城市地质灾害防治规划水平。但城市地质环境的变化是多因素共同作用的结果,仅进行单因素的地质调查满足不了城市地质调查评价的要求,因此多因素城市地质调查势在必行。

5. 第五阶段(精准研究):2010年至今

2010年至今,我国城市地质工作范围由各大城市扩展至中小城市,并更为重视技术突破。随着城市化的发展和新型城镇化概念的提出,城市地质工作开始由单一因素向多因素综合调查转变。2010年,开展了京津冀、长三角、珠三角等重点城市群综合地质调查工作(郝爱兵等,2017c)。至2012年5月底,全国6个城市地质调查试点项目已基本完成,数字城市地质初现雏形(李烈荣等,2012),城市地质工作逐步进入城市群地质调查试点阶段和城市地质调查扩大试点阶段。2014年,国务院印发了《国家新型城镇化规划(2014—2020年)》。2016年,住房和城乡建设部编制了《城市地下空间开发利用"十三五"规划》。2017年,国土资源部发布《关于加强城市地质工作的指导意见》,以及《城市地质调查规范》(DZ/T 0306—2017)、《地下水监测网运行维护规范》(DZ/T 0307—2017)、《区域地下水质监测网设计规范》(DZ/T 0308—2017)3项行业标准,为中型及中型以上城市地质调查、城市群和城镇地质调查提供了执行标准。2017年11月,中国地质调查局正式发布了《城市地质调查总体方案(2017—2025年)》,并提出到2025年实现全国地级以上城市地质工作全覆盖的目标,明确了未来8年的总体思路、目标任务、工作部署。目前,全国正在重点清查330个地级以上城市、三大城市群的环境问题(郭萌和张雪,2018)。

程光华、庄育勋等在《地球科学大辞典》中提出了"城市地质学"的概念,城市地质调查已发展成为一门学科。基于智能互联的地质灾害监测预警技术的创新和应用,大大提升了我国地质灾害的监测预警水平,结合"地质云1.0"地质大数据共享服务平台,为城市地质的发展提供了更为便利高效的平台。城市地质在此阶段的特征是通过利用新兴技术进行城市地质灾害安全监测预警,为城市地质安全保驾护航。

我国城市地质工作已基本完成了行业标准的制定、体系的构建、服务平台的搭建,并已开展多因素城市地质调查试点,但地下空间利用、土壤及地下水污染监测、修复及治理、滩涂资源管理、城市废弃物处理和再利用、人为地质作用对城市地质环境的影响等研究还处于较低水平。而德国、美国、英国、意大利等国家早在20世纪80年代末就相继出版了不同比例尺的地下水脆弱性图,英国在20世纪90年代初便启动了"LOCUS"项目(吕敦玉等,2015)。可见,我国城市地质工作水平仍处于较低水平,在许多方面与发达国家仍具有较大差距(王慧军等,2019)。

(二)我国城市地质的未来

尽管当前城市地质调查工作还存在一些问题,但这也成为促进城市地质调查工作进步的方向。可以预见,未来城市地质调查必将全面贯彻党的十九大提出的五大发展理念,构建更加系统完备的城市地质调查工作机制,丰富城市地质调查内容,形成更加精细的城市地质技术方法体系,拓展更加前沿的城市地质发展方向,以城市、城市群、经济区为单元,开展空间、资源、环境、灾害、文化等多要素调查,以人民为中心、人地和谐共生、主动超前地服务城市发展规划,为提高城市宜居水平、构建"智慧城市"提供了重要支撑。

绪 论

1. 城市地质调查工作机制将更加完善

城市地质调查成果如何应用转化并有效融入城市建设发展的各个阶段将是城市地质调查发展动力的源泉,今后城市地质调查成果服务机制的建立和完善将是一个重要的发展趋势。城市地质调查内容正在向多目标、多参数转化,支撑和服务领域从自然资源部门向规划、城建、水务、生态环境、交通、能源等十几个政府部门拓展,使城市地质调查成果体现在城市建设和经济社会发展的方方面面。城市地质调查将不断完善中央引导、地方主导的多方联动机制,在"大数据"移动互联网的时代背景下,构建城市地质调查数据资料汇交共享和动态更新机制,不断提升城市地质调查服务新时代"智慧城市"建设的能力和水平。

2. 城市地质调查的内容将更加多元

城市地质调查秉承党的十九大提出的五大发展理念,融合自然科学和社会科学知识体系,综合地质学、经济学、社会科学等理论架构,构建系统完善的城市地质理论体系。通过城市地下空间资源、地热能、优质土地资源、地质文化资源的高精度调查、评价和监测预警,以及促进产业发展的配套制度建设,为城市地质资源的绿色综合开发利用、环境保护与监测预警提供地质数据支撑。在资源环境承载能力和空间开发适宜性综合评价方面,为优化城市布局、强化国土空间利用、重大工程施工和基础设施建设提供科学依据及优化方案。从服务城市规划建设到服务城乡一体化国土空间规划,为构建以城市群为主体、大中小城市和小城镇协调发展的城镇化格局提供有效的技术保障。

3. 城市地质调查的技术方法更加精细

随着我国城市化进程日益加快,对城市地质调查的要求不断提高,城市地质调查的工作方法和技术手段需要不断迭代升级。例如在城市多场干扰的复杂环境条件下,需要研究相应条件下有效的地球物理探测抗噪、去噪技术方法,并研发配套的地质物探仪器与数据处理软件,使地球物理探测技术获得更加精细的城市地下空间资源环境信息。在城市地区应用地质体变形光纤监测技术和星-空-地高光谱、多光谱遥感探测技术,提升活动断裂地应力监测以及生态环境智能监测能力,为城市提供更加精确实时的数据服务。通过调查、监测及测试等技术方法和专业设备的更新换代,不断提升服务城市规划建设、运行管理的能力和水平,将是城市地质调查未来发展的重要方向之一。

4. 城市地质调查的发展更加前沿

三维地质建模技术是当前地球科学最前沿的技术之一,该技术的发展和应用使城市地质成果可以更加直观地展示城市地上地下空间的三维结构特征。将城市三维地质建模技术方法体系与地质大数据和智慧城市有机融合,为建设引领未来国际化的智慧城市提供技术支撑。国家地质大数据共享服务平台"地质云2.0"的建设和完善,进一步补足了智慧城市在"地下"空间方面的数据资料,在构建三维城市地质模型、实现城市地上地下一体化、提升城市地质信息技术综合应用等方面具有非常重要的战略意义。推广使用"互联网+地质"的成果应用转化方式,让市民全面了解城市地质资源环境信息,为城市的发展规划出谋划策,提高城市主人翁意识,共享"科技+地质"成果(杨洪祥等,2019)。

第三节 城市地质内容概括

一、城市地质内涵与主要研究内容

(一)城市地质内涵

城市地质是地球科学的一个较新的分支,对城市地质的定义和内涵目前仍在研究及探索之中,关于它是不是一门独立的学科,人们的认识尚不统一。有的认为城市地质属于传统地质学的范畴,不是独立的学科,而是各种地质工作在城市和城市化地区的应用;有的认为它是工程地质学的分支,应称为城市工程地质学;有的认为它是环境地质学的分支,应称为城市环境地质学。

通过综合诸家意见,本书认为,城市地质已发展成为一门独立的分支科学,有着特定的任务和工作内容。城市地质的任务是:应用地质科学的理论和方法,以城市地区的地质结构为主要研究对象,将所获得的地质资料和认识应用于城市的规划、建设和管理。城市地质的实质是:地质科学和地质学家直接参与城市的规划、建设和管理工作,为城市发展与控制提供可靠的科学依据。工作内容包括:土地的合理利用、城市供水水源地的勘查和利用、区域地质环境安全性评价、城市矿产资源开发利用与论证、城市地质环境质量综合评价与环境保护以及城市地质环境监测等。

城市地质学整合了城市管理和发展中所需的一系列地球科学分支内容,因此它是地球科学中综合性最强的领域之一,涵盖了部分工程地质学、环境地质学及土地管理学等内容,除此之外还有传统的地层学、构造地质学、岩土力学、水文地质学等。因此,城市地质工作是在城市及其周围地区或潜在城市化地区的特定空间范围内,综合考虑各种地质要素,研究其对城市发展所提供的资源、所施加的约束条件以及城市发展对其产生的影响,为城市规划、建设和管理服务的地质工作。可见,城市地质作为一门应用性的地质学科,并不是其他地质学分支学科资料的简单堆积,而是针对具体的城市地质问题进行分析评估和综合集成,并提出合理的解决办法(吕敦玉等,2015)。

(二)主要研究内容

城市地质调查与城市的发展息息相关,其主要工作内容包括城市区域地质调查、生态地质环境调查、矿产资源调查、水资源调查和城市地质灾害调查5个方面。

1. 城市区域地质调查

城市区域地质调查是对城市及毗邻区域的基础地质开展调查,主要从以下几个方面开展工作。

(1)研究城市所处的大地构造位置和区域构造地质:根据区域地壳的运动状况,分析该地区是处于活动区还是稳定区;根据区域深大断裂和区内新构造运动的研究,确定遭受地震、地裂和火山等灾害的可能性,并进行灾害防治、预测的研究。

(2)区内地层、岩浆研究：调查区内地层、岩浆岩的分布、发展历史和岩性特征等，特别要进行第四纪沉积物和近代松散沉积物的研究及工程地质评价，以确定城市的基础稳定性。

(3)区域地球化学、地球物理勘查：调查区内土壤、岩石理化特性及环境地球化学、地球物理场，研究其与动植物生长和人类健康生活的相关关系。

(4)城市垃圾填埋场的选址：进行垃圾堆放场的调查，了解堆放地地质构造、岩层渗透性等，对可能渗漏的垃圾淋滤液进行性质、污染机制及动态研究，防治土壤及地下水被污染，以保证有害废物的安全处置，并开展探测、固化和复原废物污染地问题的研究；通过垃圾填埋场选址调查，提出垃圾填埋规划建议，初步建立垃圾污染模拟预测模型。

城市区域地质调查除进行上述内容外，还要进行地质图、地质剖面图、岩土属性图、地球化学主题图等图件的编制工作。

2. 生态地质环境调查

生态地质环境调查是城市生态地质调查的一个主要方面，工作内容包括以下几个方面。

(1)土地资源调查：开展土地质量、利用现状及变化趋势研究，进行土地资源合理开发和保护评价，据此为实现国土资源的总量平衡提供规划依据。

(2)土壤地球化学勘察：在区域地球化学、地球物理勘察的基础上，进一步查明区内土壤成分、微量元素含量和分布、土壤含水量等情况，研究土壤对作物生长适宜性的影响，对经济作物的适应性作出分类和可行性评价。

(3)水、土污染调查：查明区内地下水、地表水及土壤产生污染的原因，研究污染的发生、发展趋势，制订污染防治的规划。

(4)地质景观、地质遗迹调查：通过对区内各种地质遗迹(如标准地层、古海岸线等)和地貌的调查，评价其作为旅游地质景点的可行性并提出保护措施。

(5)环境容量研究：在对区内资源(矿产、水、土地等)赋存和需求状况、地质环境质量、自然地理容量、人口增长及城市化进程等因素进行综合分析的基础上，研究资源与环境协调发展问题，并对城市地质环境容量及最大承受力作出评价。

城市生态地质环境调查的目的是：进一步查清资源现状和生态地质环境质量，使人口、资源、环境三者达到整体平衡；并在上述调查工作的基础上，进行土地利用现状图、旅游地质图件的编制，开发建设生态地质环境信息系统。

3. 矿产资源调查

城市及附近区域矿产资源调查，尤其是对城市建设不可或缺的建材类矿产的调查，主要为满足城市建设和发展的需要。这项工作包括矿山地质调查和地质环境调查。

(1)矿山地质调查：了解矿种类型、矿床规模、矿体范围以及矿床的潜在经济价值；摸清主要断裂分布情况；查明矿山水文地质条件、工程地质条件；了解矿山开采方式、开采现状，以进行经济效益、社会效益评价。

(2)地质环境调查：了解区内所有矿山开采过程中的土地占用情况及影响周边环境的各种因素，并对废渣、废水、废气的排放及污染范围和污染程度进行评价，提出矿山环境治理建议及废物处置场地恢复的建议。

4. 水资源调查

水是人类赖以生存的基本条件,它可以决定城市兴衰和发展。因此,水资源调查是城市生态地质环境工作不可缺少的一个方面,它包括地下水资源调查、含水层脆弱性评价、矿泉水资源调查、地热资源调查。

(1) 地下水资源调查:进行区域地下水成因、演化及咸淡水运移概念模型研究,包括水地球化学特征、赋存条件、地下水动态特征与化学场演变等的调查,确定地下水资源储存量,圈定淡水水源地,以便于合理开发利用地下水资源。

(2) 含水层脆弱性评价:本评价是对含水层进行保护的主要手段,目的是了解土地利用活动和地下水污染的关系,识别地下水易于污染的高风险区,据此提出地下水资源保护的管理模型,以帮助决策者将有限的资金和人力直接投入到地下水资源的高风险区,防治地下水资源污染。

(3) 矿泉水资源调查:了解区内天然矿泉水资源的分布、成因,并提出开发利用建议。

(4) 地热资源调查:在区内具有地热异常的地区,开展地热资源勘查,了解地热资源的规模、分布范围、储存状况以及与形成有关的地质构造特征和水文地质条件,并进行开发利用评价。

在水资源调查的基础上,完成城市地下水资源、地下水环境质量及污染状况调查评价,编制地下水脆弱性图,并建立地下水动态监测网络和预测系统,通过城市水资源承载量及供需矛盾与解决途径的研究,建立地下水资源开发利用和保护管理模型。

5. 城市地质灾害调查

城市地质灾害调查是一项基础性、公益性工作,以灾害风险、影响面、易损性、对灾害的反应4个要素为主线展开灾害调查、防治和预测。它包括地质灾害调查、场地工程地质研究、地下水环境及动态变化调查。

(1) 地质灾害调查:主要了解区内地质灾害种类、时空分布、致灾地质作用成因机制、发育规律、发展趋势、致灾危险性、成灾再危害性,进行预防对策与治理措施的研究评价。

(2) 场地工程地质研究:了解岩土体结构及物理力学性质,并对地面及斜坡稳定性问题、地下工程围岩稳定性问题进行调查评价,研究各类地基(包括软弱地基、坚硬地基和一些特殊性土地基)的特征及处理利用方法。

(3) 地下水环境及动态变化调查:主要研究地下水环境的变化和由此产生的各种地质灾害问题,如地下水水位下降导致含水层释水压密,引起地面沉降、地面塌陷及基础稳定性降低;地下水水位上升,导致突水,引起地基和隧道破坏、基础承载力下降、地下建筑物侵蚀抬升和结构破坏,污染的地下水、污染物及有毒和有害物质从土壤中发生迁移等问题。进行地下水环境及其动态变化的时间、空间、强度特征调查,加强地下水动态监测并据此研究拟定出灾害防治对策。

在城市地质灾害调查的基础上,根据形成灾害的4个要素,进行城市地质灾害易损性和风险评价编图及评价区土地利用区划,圈出未来城市发展的适宜地段和高风险区。

从以往世界城市生态地质环境的工作经验来看,除了进行上述地质工作外,还要在各种地质信息图基础上叠加城市地区多目的(通用)地质图,以供城市决策规划部门使用(侯惠菲等,2004)。

二、城市地质与其他学科之间的关系

城市地质学是地球科学系统下面的一个新兴学科,是将与地质有关的所有学科应用到城市地区或潜在城市地区的一门综合应用性地质科学。除传统学科如地层学、岩石学、沉积学、构造学、地貌学外,工程地质学、水文地质学及环境地质学在城市地质学科中也都将扮演重要的角色。当然,调查方法技术(包括遥感)、数学地质、数据库及GIS技术的作用也越来越重要,这些所有的学科及方法技术都要十分有效地与当地的地质条件结合,与第四纪地质演化过程紧密结合。而"城市地质学家"或"城市地质科学家"在传统意义上主要是指从事研究与城市地区及地质有关问题的工程、水文、构造等方面的专家。因此,城市地质学或城市地质科学可以解释为"介于地质、社会、经济等科学之间的一门多学科综合性科学,研究城市地区的地质问题"(何中发,2010)。

三、城市地质概论主要目标任务

为了在城市地区实现社会经济的可持续发展,需要把包括土地、水、地下空间、建材和其他矿产等地质资源在内的多种自然资源作为物质基础,并以环境损失最小的方式对资源进行合理开发利用。与此同时,城市发展面临种种的约束条件,包括城市地区的自然环境局限,主要为多种自然和人为诱发的灾害(含地质灾害)。因此,应该提前预测潜在的隐患问题,以尽可能小的经济与环境代价有效地加以解决,即把开发与治理利用与保护统一起来。以上目标只有通过科学规划、建设和管理才有可能达到,这需要多学科的支持,其中环境地质科学起着不可取代的重要作用。为了充分发挥这种作用,加强城市地区地质环境保护的基础工作,满足城市规划、建设和管理发展和城市地质环境保护的需要,则具有重要的现实意义。全国将面临开展新一轮城市总体规划任务和未来新建300多个城市的总体规划任务,这势必会对城市地质环境信息提出新的需求。考虑到工作的超前性,从现在起就需要加强城市地区的战略性、基础性工作。

城市地质工作不仅是为了提高地质研究程度,主要是要更紧密地为城市的经济与社会发展服务,为城市规划、建设、管理提供具有科学性、针对性和实用性的基础资料与对策建议。城市地质工作的基本任务是:在查明区域地质、地质资源、水文地质、工程地质、环境地质条件的基础上,着重研究与人类工程(经济活动)有关的水文、工程、环境地质问题,研究不良环境地质现象(灾害)的形成条件、分布规律和变形破坏机制以及提出相应的防治措施;通过综合分析要对地质资源合理开发利用前景以及区域地壳稳定性、地基稳定性、地面稳定性和地质灾害危险性作出评价;在此基础上对城市地区地质环境质量和容量进行总体评估,以此为依据,对城市发展规模、经济产业结构、建设布局作出科学论证(孙培善,2004)。

四、城市地质概论课程基础

随着科技与社会的进步,城市地质学的概念不断在变化和拓展。城市地质学的核心部分仍是地质学,研究区域多为人口稠密、工业发达及城市化水平高的地区,这就要求在城市地区

的地质学研究精度要大大提高。世界上每个城市所面临的主要地质问题不尽相同，城市地质学几乎会遇到地质学领域的所有问题和难关。城市地质学的单项研究如城市工程地质、城市水文地质、城市地球化学等均为地质学的延伸或两者互相渗透，这些内容可以延伸到为城市的资源、环境、工程及安全等的可持续利用与发展方面提供保障。

城市地质学的性质注定了其多参数、多目标、多学科综合的特性。城市地质学的综合属性注定要组织跨学科、跨行业、跨部门的艰苦探索和攻关创新，注定了从事调查、研究的专家必须具备多元的知识结构和现代的管理理念。城市地质学知识系统的复杂性注定了这门学科必须具备当代新学科、新技术、新方法的侧向分工和优势集成。城市地质学的用户众多注定了其操作层面和服务平台必须具有多参数、立体化的"数字城市"的现代结构（张洪涛，2003）。

思考题

1. 运用你所学过的专业知识，从地质意义上来总结城市的定义是什么？
2. 城市地质的主要研究内容有哪些？结合当今时代的形势，你认为城市地质未来可能还会出现哪些重要的研究内容？
3. 从国内外城市地质的研究现状来看，有哪些地方是我国城市地质工作还需要向国外学习借鉴的？
4. 简单总结城市地质区别于传统地质的地方，并进一步阐述城市地质学应如何协调并利用好各传统学科与新兴调查技术方法之间的关系。
5. 结合城市地质、可持续发展战略以及学过的专业知识等，你认为当下我国在城市规划中应该考虑哪些因素？请分别对每种因素提出相应的解决办法。

第一章 城市地质基础

第一节 城市地质学基本概念

"城市地质"一词最早由加拿大学者在20世纪30年代提出,在80年代被引入我国,定义为"研究在城市地区或潜在城市化地区资源环境对城市发展的保障与约束以及城市发展对资源环境的负作用,为城市规划、建设服务的学科,由此而引发的各项工作称为城市地质工作"(孙培善,2004)。

城市地质学是研究城市与地质环境关系及互相作用的学科,是地质学与城市科学交叉而产生的边缘学科。20世纪90年代末,全世界城市地质工作的内容、领域、服务对象发生了深刻变化,涉及地质、社会、规划、建筑、管理、生态等多个专业领域,城市地质工作服务于城市发展的全过程。站在城市发展的地质安全高度,城市地质学可归纳为,在城市发展影响的地球浅层系统特定范围内,系统研究地质资源环境要素,为城市发展提供地质资源、环境保证与约束程度以及城市发展对地质资源环境的影响程度,提高城市发展地质安全保证程度的学科,是城市可持续发展的基础性工作,更是城市可持续发展的精确表达。

城市地质学自建立伊始就具有旺盛的生命力,在国内外蓬勃发展,对城市规划建设、运行、防灾减灾、优化环境起到了支撑作用,成为城市发展不可或缺的一部分,具有不可替代的作用与地位。

第二节 城市地质学基本理论

一、城市区域地质条件适宜性评价理论

城市区域地质条件适宜性评价理论指在城市规划区及影响范围内对地质资源、环境主要因素开展系统性评价,确定区域资源环境对城市选址安全性、可行性的支持程度。该评价方法需要建立一套综合性、定量化的评价指标体系,内容涵盖地质资源条件和地质环境条件。其中,地质资源条件包括水资源、能源、原材料资源、土地资源;地质环境条件包括区域地壳稳定性、水环境、工程地质条件和地质灾害等(图1-1)。

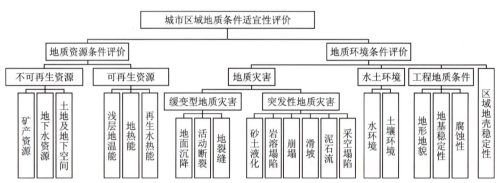

图1-1 城市区域地质条件适宜性评价内容体系图(刘辉等,2017;郑桂森等,2017a)

我国已颁布的国家、地方、行业标准中对各项地质要素的评价以定性评价居多,指标定量化程度较低,而且部分评价指标不能全面反映评价对象的演化趋势。因此,城市区域地质条件适宜性评价的工作为:一是将评价体系中不够完善的部分新设置了定量化指标;二是将部分指标评价由定性转化为定量;三是修订了部分定量化指标的定量分级标准。该评价指标体系体现了实用性、适用性原则,既能满足对某地质要素的性质、特点、发展趋势描述的要求,又能满足各种功能应用需求。

1. 浅层地温能资源理论

该理论属于地质条件适宜性的能源专科理论,科学系统地回答了地壳浅层200m以浅岩土体内的热能是否为资源、受哪些因素控制和能否持续利用的问题。目前制订的技术标准、工作规范指导了这部分资源的评价与应用,取得了显著的经济、社会、环境效益。

2. 地下空间资源理论

该理论从地学角度定义了地下空间资源概念,是土地资源的向下延伸,具有资源的全部属性。根据实际工作成果,系统建立了不同区域评价体系、评价方法以及安全监测体系,为地下空间资源的科学利用奠立了基础(郑桂森等,2017b),属于地质条件适宜性评价理论的专科理论。

3. 土地质量综合地质评价构想

土地是地表某一地段包含地质、地貌、气候、水文、土壤、植被等多种自然要素在内的自然综合体(黄宗理,2005),土地的质量特征是这些要素的具体体现。从地质的角度对土地质量开展评价是重要的基础性工作,地质条件对土地质量的影响表现在:土地基本组成的土壤成分包括矿物成分、化学成分、养分;土地中含有地质资源包括水资源、能源、矿产资源等保证性资源;土地的地质环境条件包括水环境、土环境以及地质灾害特征。将这些特征研究清楚后,对土地划分质量等级,确定土地的使用功能,以此作为土地利用规划的基础。具体实施为:优先进行单因素评价,再将各项单因素评价结果以一定的方法叠合形成综合评价结果。目前,北京市正开展土壤地球化学组分评价试点工作。

这项工作的关键点是设置评价要素指标。在单因素评价中,评价指标包括决定性指标和辅助性指标。决定性指标对土地使用功能区划具有重要作用,辅助性指标可提高土地附加值。

正确设置这两项指标要经过深入的研究分析、高度的概括提炼。根据目前的经济技术条件,活动断裂的破坏力是不可抗拒的,规避是首要原则,因此活动断裂发育地段不可作为建设用地,活动断裂是土地质量评价的决定性指标。对建设用地具有一定性限制作用的因素,称为限制性指标,利用经济技术手段可以控制,如地面沉降、土壤污染等,必须研究这些要素的提取内容和表达方式用于土地资源评价中。

土地质量综合地质评价中往往设置保障性指标和约束性指标。保障性指标是对土地使用功能具有支撑保障作用的指标,比如有益地球化学成分、优良的资源、优质的能源、充足的水资源等。约束性指标指对土地使用功能具有限制作用的指标,如有损人身健康的地球化学元素、人类活动形成的污染物、活动的地质构造、广泛发育的地质灾害等。在单因素评价基础上,用适当的方法叠合形成综合性评价结果,这个方法与程序正在研究中。

二、城市区域地质资源环境承载力评价理论

地质资源环境是城市发展的物质能量基础和空间场所,科学评价地质资源环境对城市发展的承载能力是城市地质学研究的主要任务之一。地质资源环境承载力包括两大方面:一是物质基础供给能力,重点是原材料生产能力和能源保障能力,包括土地、水、矿产、能源、食品、空气等;二是空间场所的安全性,包括土地质量、水环境、地质生态环境的容量或环境纳污能力,这是城市发展的前提条件。

联合国教科文组织提出了资源承载力普遍认可的定义,即一个国家或地区的资源承载力是指在可预见的期间内,利用本地能源和其他自然资源和智力、技术等条件,在保证社会文化准则的物质生活水平下,该国家或地区所能持续供养的人口数量。

环境承载力是指在维持一定生活水平的前提下,一个区域能永久承载人类活动的强烈程度,主要关注的是环境的纳污能力和人类在不损害环境前提下的最大活动限度(封志明等,2017)。资源环境承载力是一个综合性概念,涵盖了自然资源、环境容量、社会发展强度、人的需求,以我国高吉喜(2001)提出的生态环境承载力为典型,指生态系统自我维持、自我调节能力、资源与环境子系统共容能力及可持续的社会、经济活动强度和具有一定生活水平的人口数量。

资源环境承载力实质上是在一定背景条件下的极限能力问题。世界上多个国家、组织机构在开展研究工作(高湘昀等,2012;秦成等,2011;经卓玮等,2014;汪自书等,2016;周璞等,2017;郭轲和王立群,2015;刘明等,2017),但依然没有取得统一的、公认的、可靠的、实用的结果。究其原因,主要是此项工作涉及的要素庞大、繁杂,指标动态变化复杂,在指标设定、统一量纲、评价方法等方法的选择上也存在众多难点;同时可以认为这是一项在复杂系统内具有多个变量的方程组,且该方程组无固定解,只要社会发展需求设定一个目标,就可得出一系列自然因素取值。只要人们能客观地认识自然规律,根据科技发展水平能力设立需求,就可以达到资源环境与人发展的和谐统一。

城市地质学必须研究地质资源环境承载力,从而为城市发展提供定量化决策支持。在地质资源环境承载力研究评价中(图1-2),关注以下方面才可取得适用结果:首先,地质资源环境承载力是城市发展中涉及某一方面或几个方面的极限能力问题,必须与当地发展需求相结合;其次,地质资源环境承载力是在开放的、复杂的、动态的系统中运转的,必须运用系统的、动

态的方法来研究;再次,地质资源环境承载力既反映了人们对资源环境现状的认识,又反映了科技创新进步对资源环境利用的新认识,随着科技的进步,资源种类功能、环境容量是不断变化的,必须用发展的观念来研究;最后,城市地质研究在区域地质资源环境承载力研究中要用创新的理念、动态的数据、系统论的观点开展,重点在于设定适合区域发展的指标、获取可行的方法和采用可靠的评价流程,以最终获得可靠的数据支撑城市发展的地质安全性。具体说来,就是将地壳浅表层人类强烈活动区域的地质要素实施监测,建立监测站点,形成多个监测系统,运用实时的、动态的大数据结合判别方法获取地质资源环境要素随城市发展的变化规律,预测地质资源环境承载力的变化趋势,调控发展使地质资源环境承载力变化,使其始终在人类可控范围之中,规避地质环境问题风险,提高城市发展地质安全保证程度,实现城市可持续发展。

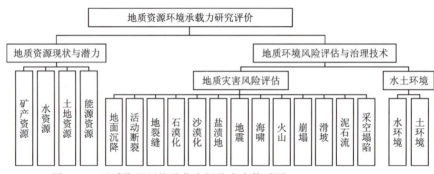

图1-2　地质资源环境承载力评价内容体系图(郑桂森,2018a,2018b)

三、城市地质作用

地球系统在不断地运动着,地质作用无时无刻都在发生着,它是塑造自然的原动力。然而城市区域的地质作用与自然环境中的地质作用大相径庭,城市区域的地质作用与人类活动具有高度的相关性,人类活动对地质作用产生着巨大影响,不仅可造成环境问题,甚至会引发地质灾害,考虑到人类的特殊性,有文献将此类地质作用称为人类纪地质作用(程光华等,2013;孙培善,2004)。所谓城市地质作用是指地质因素在自然营力与人为活动共同影响下的演变行为。

城市地质作用是在人类活动参与下的表生地质作用,主要包括人为影响下的风化作用、剥蚀作用、搬运作用、沉积作用、成岩作用等。城市地质作用表现在导致地质环境变化、引发地质环境问题,包括城市热岛效应、区域酸雨、雾霾、水体污染、土壤污染、矿山地质环境问题、地裂缝、地面沉降问题等。

城市地质作用显著的特征之一是物质的人工搬运作用,又称之为人为物质流,它已形成地质营力,深刻改变着地球浅层系统。据统计,全球人为物质流为$35km^3/a$,主要是地下水、化石燃料、矿产、建材的开采。全球每年平均有$550km^3$的地下水开采量,我国固体矿产开采造成了$1150km^2$的地面塌陷(罗攀,2003)。城市地质作用的另一个显著特征是废弃物排放。资料显示,目前我国是世界上城市建设规模最大的国家,据估计我国每年城市产出垃圾约为60亿t,其中建筑垃圾为24亿t左右,已占到城市垃圾总量的40%(李平,2007)。物质的人工搬运造成了地形地貌改变,形成了"水泥森林",废弃物的排放导致了城市周边环境污染和人为灾害。

城市地质作用产生的根本原因是人类活动改变了地质环境的物理化学特征,进而改变了自然的地质作用过程。城市化区域内城市建设使路面硬化,导致雨水向地下入渗遇到屏障,在地表水汇流后沿设定的排水管道排入主泄洪渠,形成了人工河道;河流的剥蚀、搬运作用在城市地区不复存在;城市化区域内工业化加速发展排放的 CO_2、SO_3、NO_x 等气体在空中遇水汽形成酸与雨水降落;城市周边人类废弃物处置使水体、土壤遭受污染;城镇人类污水排放使水体中有机物显著高于乡村;城市抽取地下水形成区域型地下水漏斗,使地下水水位下降、表层土沙化,地下水超采严重时形成地面沉降、地裂缝灾害;城市区域内人和机械排热、地面反射等多因素形成城市热岛效应,造成市区内平均气温高于郊区 3～5℃。在城市发展过程中,地质要素的变化超过一定阈值时,就会引发地质环境系统突变,形成地质灾害。

由表 1-1 可知,在城市区域由于地表环境发生了显著变化,导致了地质作用速度加快。目前,关于此项的研究才刚刚开始,尚无确切数据证实加快的速率和形成产物的结构、特征,明显可见的是形成了一系列的地质环境问题(韩文峰和宋畅,2001;罗勇,2016)。这些问题的形成机理、演变趋势、风险程度正是城市地质学研究的又一项主要内容。

表 1-1 城市地质作用分类及特征(郑桂森,2018b)

序号	类型	介质	性质	本质	现象	环境问题
1	风化	酸雨	溶解	加快	岩石溶解、水土流失	石漠化
2	剥蚀	资源利用	破碎	加快	物质迁移	粉尘污染
						化学污染
3	搬运	工程建设	堆积	加快	物质流入	城市热岛效应
					反光、阻水	阻水入渗
4	沉积	生产生活	排放	加快	物质流出	城市热岛效应、污染
5	成岩	建筑物	荷载	加大	压实	地面不均匀沉降

第三节 城市发展不同阶段的城市地质工作

城市发展按城市化率可划分为 4 个阶段,即:初期阶段,城市化率为 10%～30%;中期阶段,城市化率为 30%～60%;后期阶段,城市化率为 70%～90%;反城市化阶段,城市化率大于90%(周毅,2009)。

在城市发展过程中,城市建设速度逐步加快,始终存在着对地质资源供给和地质环境保证的需求,即资源、能源持续地为城市建设提供原材料和能源支持,环境持续地为城市建设提供空间、纳污容量支持,这是城市地质学的两个主要研究方向。在城市发展的过程中,城市地质作用也开始悄然发生变化,逐渐演变为各种环境问题,影响城市的地质安全。在地壳浅表层岩石、水、大气、生物构成的复杂系统中,各项地质因素在一定的阈值内对自身存在的系统运转起着各自的作用,处于相对平衡状态,当其中一项因素产生突变时就会造成子系统的崩溃,进而引发整个系统的变化而带来灾害。城市地质工作就是及时掌控地质因素的变化情况,作出适当调整,保持整体平衡运转,保证系统安全运行,实现城市发展地质安全的目标。

1. 城市化初期阶段

城市选址规划可根据已有的区域地质调查数据开展选址布局。在城市化初期,城市工业化水平较低,人口聚集较慢,各项基础设施建设处于起步阶段,选址规划工作是重要环节,保证选中区域的地质安全是核心要求。具体要求为:对研究区内地质结构、地壳稳定性、地质灾害易发性及危险性作出评估;对建设用地安全性作出评价;对地质资源种类、品质、数量作出现状评价和潜力评估。1∶5万精度的地质调查成果即可满足上述需求。

2. 城市化中期阶段

城市化速度加快,城市空间规模扩张迅速,基础设施建设、城市功能布局逐步完善,需要准确可靠的地学数据,特别是地质资源、环境保证能力和建设安全性保证程度。此时,必须开展比例尺大于1∶2.5万的基础地质调查和比例尺大于1∶1万的专项地质调查,并对地质资源环境承载力开展研究评价工作。对以土地、矿产、水、能源、地质环境等为主要方面的承载力阈值作出评价,同时对各种地质灾害开展风险评估,对地质环境要素发展趋势进行预测,为规避地质灾害提供可靠支持,为政府规划城市人口规模上限确定、功能布局和产业结构布局提供参考依据。

3. 城市化后期阶段

城市发展趋于稳定,人类活动对城市区域的地质作用影响逐渐明显,此时会发生各类环境地质问题,比如工业排放出 CO_2、SO_3、NO_x 等气体会形成区域酸雨;工业化过程中产生土地污染,人类生活、生产排污会导致水体中有机物持续增高至超标,形成劣质水体,造成水质污染;生产生活用水过度依赖抽取地下水造成地下水水位下降、水压降低形成泉水断流,加快松散沉积物压实作用,造成地面沉降。这一阶段的研究重点在于人类活动引发的地质作用特征、成因机理、演化规律的研究,判断发展趋势,预测地质环境问题发生的时空规律,提出预警预报,减少或避免灾害发生,重点开展对各类地质因素的监测、模拟和试验工作。

4. 反城市化阶段

在城市发展最高阶段,城市、乡村基本无差别,人们对环境的需求程度极高,开始追求优美恬静的田园生活,城市由区域集聚向四周分散发展。城市地质工作主要研究地质作用对环境的影响,趋利避害,重点开展各种环境问题的修复治理,创造优美资源环境。

思考题

1. 城市地质学的基本概念是什么?
2. 城市地质学的基本理论是什么?
3. 举例说明城市化不同阶段存在的城市地质问题,以及城市地质对处理城市地质问题的重要性。

第二章 城市地质调查主要技术方法

第一节 资料收集与整理

一、资料收集

根据城市地质工作的需要,收集的资料主要分为基础性地质资料、土地资料、地球物理资料、地球化学资料、遥感资料、钻探资料、城市规划类资料、国家地方行业规范类等。

基础性地质资料具体分类如表 2-1 所示。

土地资料主要涉及区域土地调查、农用地土壤污染调查、全国土地资源调查(土地利用调查、土地类型调查、土地质量调查、土地权属调查)等相关报告和图件,尤其是已经矢量化、具有属性的资料。

地球物理资料主要包括已有不同方法的浅层地震资料(包括报告、平面图、剖面图等)。

地球化学资料主要包括已有的 1∶25 万多目标调查地球化学调查报告、原始数据、相关图件,以及不同年代的土壤质量调查报告、原始数据、相关图件,不同年代的地表水、地下水质量调查报告、原始数据、相关图件。

遥感资料主要包括已有的 1∶5 万~1∶1 万遥感影像资料、无人机航测影像资料以及相应的解译报告等。

钻探资料内容本身较多,应该选择深度大、资料完整的钻井,并且根据已有的钻井资料校正落实在工作底图(遥感图、地形图等)上。

城市规划是城市地质调查的重要参考资料,根据城市发展的不同阶段,针对城市存在的不同问题和需求,进行城市地质调查以及综合评价,为合理的城市布局提供科学的依据。因此,需要收集最新的城市规划资料,包括矢量图件、规划文本等。

规范类资料是指导城市地质调查能够顺利开展工作的保障,因此在资料收集阶段应该尽量全面地收集能够用到的规范,包括国家、行业、地方规范。

二、资料整理

为了更好地利用已有的成果资料和原始资料,首先应全面地对收集到的资料进行分类管理。资料可分为四大类,即成果报告类资料、规范类资料、图件类资料、测试分析类资料,根据需求和调查问题的不同可再进一步细分。

表 2-1 基础性地质资料分类及资料名称

分类	序号	具体名称	
		文字报告	图件
区域地质调查资料	1	××幅1∶5万区域地质报告	××幅1∶5万区域地质图
	2	××幅1∶20万区域地质报告	××幅1∶20万区域地质图
	3	××地区地质遗迹调查报告	××地区地质遗迹分布图
	4	……	……
矿产地质资料	5	××幅1∶×万矿产地质报告	××幅1∶×万矿产地质图
	6	……	……
水文地质资料	7	××幅1∶5万水文地质报告（说明书）	××幅1∶5万水文地质图
	8	××地表水环境保护调查报告	相关区域图件
	9	××地下水资源调查报告	相关区域图件
	10	××地热资源勘查报告	相关区域图件
	11	……	……
环境地质资料	12	××环境工程地质分区报告	××环境工程地质分区图
	13	××环境水文地质分区报告	××环境水文地质分区图
	14	××地区环境地质调查报告	××地区环境地质图
	15	××地质灾害防治规划	××地质灾害点分布图
	16		××地质灾害易发性分区图
	17		××地质灾害防治规划图
	18	××矿山地质环境调查报告	××矿山分布图
	19	××矿山地质环境恢复与综合治理规划	××矿山恢复与综合治理规划图
	20	……	……
工程地质资料	21	××工程地质报告	××工程地质图
	22	……	……

　　成果报告类资料依据类型细分为区域地质调查资料、水工环地质资料、地质遗迹资料、土地调查资料、遥感解译资料、地球化学成果报告、地球物理成果报告等。

　　规范类资料细分为技术方法指导类、标准类。

　　图件类资料首先细分为平面图、剖面图、照片素描3类。平面图应该全部统一矢量化，建议采用 ArcGIS 平台或 MapGIS，要求格式统一、坐标系统统一（2000国家大地坐标系）、图例统一。剖面图建议采用 CARBEN、BendLink、CAD 等软件平台进行矢量化，要求比例尺统一、图例统一。照片素描类建议分内容整理，做到查阅方便即可。

　　测试分析类资料要进行系统整理，包括分析类型、采样位置、样品类别。按照不同类型分别整理在同一个数据管理文件中，并且根据数据坐标投影到平面地形图上，以便后期使用。

第二节 地表调查方法

地表调查是城市地质调查的重点工作,是在已有资料的基础上,开展相应比例尺精度要求的地面地质补充调查,包括城市地质背景调查、城市地质问题调查两个方面,具体内容如表2-2所示。内容涉及基础地质调查、水文地质调查、环境地质调查、工程地质调查、生态地质调查,技术方法采用相关行业规范确定。

表2-2 地表调查主要内容

大类	类型	内容
城市地质背景调查	基础地质调查	第四纪地质调查
		基岩地质调查
		地貌调查
		新构造调查
		地质遗迹调查
		天然建筑材料调查
	水文地质调查	泉的调查
		井的调查
		坑塘水面的调查
		河流、湖泊的调查
城市地质问题调查	环境地质调查	水、土环境质量调查
		突发性地质灾害调查
		缓变性地质灾害调查
		建筑弃渣、尾矿矿渣、固体废弃物场地调查
		垃圾填埋场调查
	工程地质调查	特殊岩土体调查
	生态地质调查	水土流失调查
		沙漠化调查
		石漠化调查
		盐碱化调查
		森林草地退化调查
		湿地萎缩调查

第三节 遥感技术方法

遥感调查在城市地质调查中具有非常重要的作用,根据应用场景的不同,可以采用卫星遥感解译或者无人机航测影像解译,从而获取地表各类地质信息、推测地下空间使用情况。遥感解译是各项城市地质调查工作的基础,结合掌上设备的综合应用,可以更好地提高工作效率和工作质量。

一、数据源选择

应用于遥感解译的数据可以为多类型、多时相和多精度,主要依据工作比例尺和解译目标体确定,反映动态变化时需要多时相的航卫片,如SPOT5、ETM卫星数据,1∶5万的DLG、DEM数字地形数据,航空遥感数据,QuickBird影像和高分、资源等卫星影像。但是,数据最低精度不能低于1∶5万,最好有近期(两年内)与中期、长期的多时相对比影像资料。原始数据必须进行数据融合、数据校准、数据裁剪等处理。对于重点地区应该采用无人机航测影像,比例尺精度可以达到1∶1000甚至更高。

二、遥感图像初步解译

在野外踏勘的基础上建立解译标志,采用目视法并利用解译标志,经过初步解译和详细解译提交遥感解译图,套合已有或航测制作的区域地形数据,制作工作区工作底图,按类型进行标号系统整理,为野外地面调查做准备。

解译内容主要包括区域地形地貌类型及分布情况解译、断裂构造解译、地质灾害解译、垃圾填埋场解译、地下空间占用情况解译(地表建筑物高度解译)、土地利用解译(三调数据套合解译)、城市动态扩展解译。

第四节 钻探技术方法

钻探是开展城市地质地下调查的必要手段,是城市三维地质结构调查、地下水资源调查、地下水质量调查、水文地质结构调查、特殊岩土体调查、第四纪地质结构调查、工程地质结构调查、隐伏岩溶调查、浅层地温能调查等最有效的技术方法。

一、补充钻探工程

城市地质调查中的钻探分为基岩与松散层地质钻探、水文地质钻探、工程地质钻探和环

(灾害)地质钻探 4 类。各种类型钻探均制定了相应的钻探技术规程,城市地质调查将遵照这些技术规程执行。

在城市地质调查的工作范围内,各类钻探资料丰富,在开展城市地质工作前首先应进行系统的整理,将资料编录入数据库,形成数字化矢量文件,可以随时调用其柱状图及编录成果、钻井位置。再根据城市地质项目的目标充分论证,补充布设一部分钻探工程,起到联系已有钻孔资料且与地面物探相结合的目的。布设新的钻探工程应该注意一孔多用,最大限度地利用其价值,避免工程浪费和成本增加。

二、基准孔、控制孔与建模孔

城市地质工作中钻孔主要分为基准孔、控制孔、立体建模孔 3 个大类。

基准孔是能够代表该地区垂向岩性变化的钻孔,要求是全取芯井,有地球物理测井资料,并系统地开展古地磁样品测试。基准孔可以在已有钻孔中选取,也可以新补充布设钻孔。只有明确了一个地区的基准孔,才可以对资料繁杂的钻孔资料进行标准化,才能充分利用已有的钻孔资料。

控制孔是具有区域控制岩性变化的钻孔,一般深度大,测试样品齐全。深覆盖区的第四纪研究孔、水文地质孔基本上均为控制孔。工程地质孔则分为控制孔与一般孔,控制孔和一般孔间隔布置,控制孔数量不少于钻孔总数的 20%。

建模孔是用来三维地质建模的钻孔。建模孔确定以收集到的钻孔资料为主要参考。选择建模孔的原则是钻孔尽量钻穿目标层,编录资料完整规范,必要时根据基准孔重新编录。一般是这些钻孔导入建模平台,进行数字化后可以先形成剖面,再形成钻孔网,钻孔网的节点应该由基准孔控制。

第五节 地球物理勘探技术方法

城市地质调查的重点是进行三维地质结构调查,钻孔之间地质界线的连接与延伸主要依赖地球物理勘探提供的资料。许多城市地质问题不仅涉及地下深层的地质构造,也包括浅层的精细结构。地震、重力、磁法、电法是圈定地下地质体、连接地质构造、勾绘地下三维地质图的重要方法。在岩溶等灾害调查、活动断裂调查、已被掩埋的垃圾填埋场调查、地下水调查等方面,采用地球物理勘探技术已被证明是较为经济和有效的方法。特别是在城市建成区,在地面建筑和设施已全面覆盖且钻探无法施工的情况下,更显出无损勘查物探方法的重要性。

物探工作的部署是在以往物探工作的基础上,根据要解决的实际问题和以往的经验选择适宜的物探方法,包括重力方法、磁法、电法、地震方法、放射性方法。目前,在城市地质调查中采用的主要物探方法有浅层地震勘探、高密度电阻率法、可控源音频大地电磁测深(CSAMT)、大地电磁测深、探地雷达法等。

一、地震勘探

地震勘探是寻找有用矿产资源的一种极重要的地球物理勘测方法。地震勘探在勘查精度、分辨地质体能力以及勘探范围(浅、中、深)等方面都有其突出的优越性。它的基本原理是：利用岩石、矿物(地层)之间的弹性差异而引起弹性波场变化产生弹性异常(速度不同)，用地震仪测量其异常值(时间变化)，并根据异常变化情况反演地下的地质构造情况。其中，浅层地震勘探是工程物探中的一种常见勘探方法。

浅层地震勘探可应用于城市地质灾害、工程、水文、环境地质、地质遗迹调查、地下空间探测等多种城市地质领域的勘查工作中，如测定覆盖层厚度及基岩界面起伏形态，测定隐伏断层、裂隙破碎带的位置、宽度及展布方向，测定砾石层中潜水面深度和地下含水层分布，探测喀斯特洞穴和地下洞穴、古代遗存及地下埋设物探测等。浅层地震勘探同时也可应用于局部地区的区域和场地稳定性调查段评价，如进行岩体及场地土分类、计算场地卓越周期、判定砂土液化趋势、场地土地震效应分析和反应谱计算、地震烈度小区划工作中局部构造的调查等。

进行浅层地震勘查工作设计时，应根据各方法的探测能力、地球物理前提和使用条件，合理选用适用的直达波法、折射波法、反射波法和横波反射法等。各种方法在层状和似层状介质条件下应用可得到较好的效果。在地质构造复杂、弹性波激发接收条件差、振动干扰大的地区，浅层地震勘探应用效果变差，甚至难以达到预期效果。

直达波法可以直接测定震源和测点之间介质的弹性波传播时间与能量衰减规律，计算被测介质或地层的纵波速度或横波速度，圈定地层中速度异常物体(空洞)或速度异常带，所采用的观测系统应能有效地接收直达波或经数据处理能有效地提取直达波。折射波法常用于测定覆盖层厚度、基岩界面起伏形态和构造破碎带，求取持力层、坚硬土层及基岩界面埋深和界面速度，对薄层的探测能力差，一般来说不能探测速度逆转层。反射波法一般不受地层速度逆转的限制，但被探测地层与上覆地层应有一定的波阻抗差异，并有一定厚度，对沉积地层层序划分、探测断层等地质构造的效果较好。纵波反射法探测深度较大，激发方式多样，是常用的方法之一。横波反射法用于探测浅部松散含水地层效果较好且分辨率较高，分层能力一般为四分之一有效波波长。随着方法技术的进步，反射波法探测薄层和小断层的能力不断提高。反射波法勘探示意如图2-1所示。

二、电法勘探

电法勘探是以岩石间的电磁特性差异为基础，通过观测研究天然的或人工的电磁场的空间和时间分布规律，以解决地质问题的地球物理方法。电法勘探具有效率高、成本低、适用性广等优点，在工程地质、水文地质勘察、环境监测和资源勘察中都有广泛的应用。由于电法勘探的种类繁多，应用范围各有不同，针对浅层调查的不同目的、不同地表环境其效果各不相同。

电法勘探常用于进行地下采空区调查，松散层和不同风化程度基岩、断裂构造调查，区分淡水、咸水分界的调查。经过研究对比，电法勘探偶极-偶极装置的高密度电阻率剖面适合不同地表条件下对地下采空区地质灾害调查。水泥硬化路面供电电流效果相对较差，但采用一定辅助手段也可以进行高密度电阻率勘探。电法勘探有助于对松散层和不同风化程度基岩、断层构造的划分，同时对探测淡水、咸水及其分界有较好的效果。

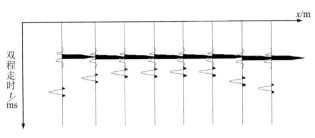

a. 反射地震记录剖面示意图

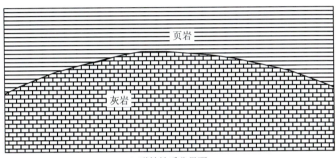

b. 弹性性质分界面

图 2-1　反射波法勘探示意图

1. 高密度电阻率法

高密度电阻率法是以岩土体的导电性差异为基础,研究在人工施加稳定电流场的作用下地下传导电流分布规律的一种电探方法。运用高密度电阻率法进行野外测量时只需将全部电极(几十至上百根)置于观测剖面的各测点上,然后利用程控电极转换装置和微机工程电测仪便可实现数据的快速与自动采集,这样可同时完成电测剖面和电测深两种形式的测量,得到地下不同位置的视电阻率值,展示地下导电性的横向变化和纵向变化(图 2-2)。高密度电阻率法主要包括地面高密度电阻率法和三维电阻率法。

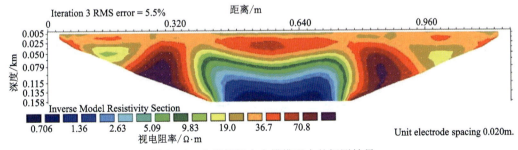

图 2-2　水平铜板在水槽模型中的探测结果

当将测量结果导入计算机后,还可对数据进行处理并给出关于地电断面分布的各种图示结果。显然,高密度电阻率法技术的运用与发展使电法勘探的智能化程度大大向前迈进了一步。与传统的电阻率法相比,它有自动化程度高、成本低、效率高、信息丰富、解释方便等优点。近年来,该方法先后在重大场地的工程地质调查、坝基和桥墩选址、采空区及地裂缝探测等众多工程勘查领域取得了明显的地质效果和显著的社会经济效益。

2. 电磁法

电磁法是以地壳中岩(矿)石的导电性、导磁性和介电性差异为基础,通过观测和研究人工的或天然的交变电磁场的分布来寻找矿产资源或解决其他地质问题的一类电法勘探方法。

电磁法所依据的是电磁感应现象。以低频电磁法($f<10^{-4}$ Hz)为例,电磁感应原理如图2-3所示。当发射机以交变电流 I_1 供入发射线圈时,就在该线圈周围建立了频率和相位都相同的交变磁场 H_1,H_1 称为一次场。若这个交变磁场穿过地下良导电体,由于电磁感应,可使导体内产生二次感应电流 I_2(这是一种涡旋电流)。这个电流又在周围空间建立了交变磁场 H_2,H_2 称为二次场或异常场。利用接收线圈接收二次场或总场(一次场 H_1 与二次场 H_2 的合成),在接收机上记录或读出相应的场强或相位值,并分析它们的分布规律,就可以达到寻找有用矿产或解决其他地质问题的目的。

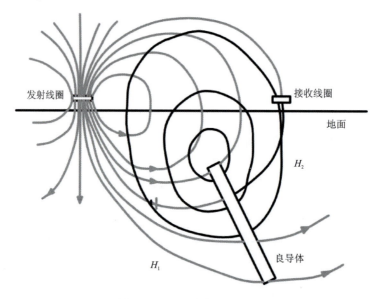

图2-3 电磁感应原理示意图

3. 大地电磁测深

大地电磁测深是以岩(矿)石的导电性、导磁性、介电性差异为前提进行的地球物理测深方法。它是利用大地中广泛分布的频率范围很宽($10^{-4}\sim10^4$ Hz)的天然变化的电磁场,进行深部地质构造研究的一种频率域电磁测深法。由于该法不需要人工建立场源,装备轻便,成本低,且具有比人工源频率测深法更大的勘探深度。所以,大地电磁测深除主要用于研究地壳和上地幔地质构造外,也常被用来进行油气勘查、地热勘查以及地震预报等研究工作。

利用大地电磁测深可解决的主要城市地质问题有:研究深部构造,探测基岩起伏和埋深,划分地质构造单元;探测断裂和推覆构造分布,探测高阻层覆盖区的下覆构造;调查地热资源,研究与地热有关的岩浆活动。

利用大地电磁测深测量电场分量 E_x 与 E_y 的不极化电极是氯化铅、石膏、食盐和水按一定比例特制而成,其极差不大于2mV,而且能长期保持稳定。测量磁场水平分量 H_x、H_y 的磁探头的灵敏度不低于 $100\mu V/mT$,测量磁场垂直分量 H_z 的空心线圈的灵敏度不低于 $191pV/nT$。这 5 个分量分别被送往传感处理器(SP),经放大滤波后,由仪器进行模数转换,实时处理,并记录功率谱文件。野外测点布置如图 2-4 所示。

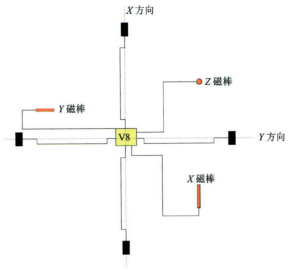

图 2-4 野外测点布置图

在对野外资料进行初步处理的基础上,通过各种预处理方法(编辑、圆滑、静位移校正等)处理,可得到解释曲线,并根据不同构造部位和不同深度相应选择不同的极化模式进行解释。编制各种定性图件,包括曲线类型图、总纵向电导图、视电阻率等值线图、Bostick 反演断面图和视电阻率平面图。

大地电磁测深判断断裂的依据有:曲线类型突变,曲线模式变化,电性层系列有明显差异或电性层埋深有明显错动(在电阻率曲线上表现为极值点错动);因地层破碎充水,导致电阻率明显降低,电阻率、Bostick 反演或相位等断面图的等值线密集带或扭曲带。

大地电磁测深中长周期的电磁波穿透深度大,MT 曲线高频段信息反映的是浅部地质体的情况,低频段信息主要反映的是相对深部的地质情况。

4. 探地雷达法

探地雷达法(GPR)是利用一个天线发射高频宽带(1~1000MHz)电磁波,另一个天线接收来自地下介质界面的反射波,而进行地下介质结构探测的一种电磁法。由于它是从地面向地下发射电磁波来实现探测的,故称探地雷达,有时亦称为地质雷达。它是近年来在环境、工程探测中发展最快、应用最广的一种地球物理方法。20 世纪 70 年代以后,探地雷达的实际应用范围迅速扩大。

探地雷达利用以宽带短脉冲(脉冲宽为数纳秒甚至更小)形式的高频电磁波(主频十几兆赫至千兆赫)通过天线(T)由地面送入地下,经底层或目标体反射后返回地面,然后用另一天线(R)进行接收(图 2-5)。脉冲旅行时 t 计算如下式:

$$t = \frac{\sqrt{4z^2 + x^2}}{v}$$

式中,z 为目标体的埋深;x 为发射天线与接收天线间的距离。

当地下介质中的波速 $v(m/ns)$ 为已知时,可根据精确测得的走时 $t(1ns=10^{-9}s)$,由上式求出反射物的深度。波的双程走时由反射脉冲相对于发射脉冲的延时进行测定(图 2-5)。

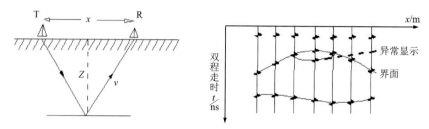

图 2-5 雷达剖面记录示意图

反射脉冲波形由重复间隔发射(重复率为 20~100kHz)的电路,按采样定律等间隔地采集叠加后获得。考虑到高频波的随机干扰性质,由地下返回的反射波脉冲系列均经过多次叠加(叠加次数几十至数千)。这样若地面的发射和接收天线沿探测线以等间隔移动时,即可在纵坐标为双程走时 $t(ns)$、横坐标为距离 $x(m)$ 的探地雷达屏幕上绘描出仅仅由反射体的深度所决定的"时、距"波型道的轨迹图(图 2-6)。与此同时,探地雷达仪即以数字形式记下每一道波形的数据,它们经过数字处理之后,即由仪器绘描成图或打印输出。

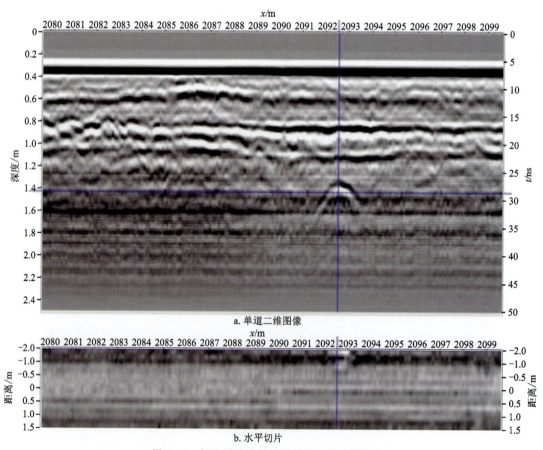

图 2-6 探地雷达在某地下管线上的图像特征

三、高精度重力测量

重力勘探是观测地球表面重力场的变化,借以查明地质构造和矿产分布的物探方法。地球的重力场是一种天然力场。组成地壳的各种岩(矿)石之间具有密度差异,这种差异会使地球的重力场发生局部变化,从而产生地球重力异常。当在某一地区进行观测并发现重力异常时,对异常进行分析计算,就能推断引起该重力异常地下物质的分布情况,从而达到地质勘查的目的。

重力勘探因天然场源而具有较为经济、勘探深度大、受环境干扰因素相对较小的 3 个优点,又因为野外测量中使用的重力仪轻便,采集数据快,因而又具有可快速获得面积信息的第 4 个优点。此外,随着重力仪(图 2-7)精度的提高(目前已可达到重力全值的 $10^{-8} \sim 10^{-9}$ 数量级),高精度重力测量已在城市工程环境、水文及工程地质、洞穴溶洞调查等诸多方面发挥着愈来愈重要的作用。

在各种勘探中高精度重力测量常用于扫面,在面上横向分辨率较高,对区内高密度体的隆凹起伏等异常反映清楚。主要缺点是垂向分辨率不高,并要求测区各勘探目的层有一定的密度差异。在地震、电磁法等地球物理方法施工困难地区,高精度重力测量可为有效的方法之一。

图 2-7 重力仪

四、高精度磁测

磁法勘探是利用地壳内各种岩(矿)石间的磁性差异所引起的磁异常来寻找有用矿产或查明地下地质构造的一种地球物理勘探方法。高精度磁测可分为地面磁测、航空磁测、海洋磁测和井中磁测 4 类,可用于区域地质调查,储油气构造和含煤构造勘查,寻找大型磁铁矿床,寻找沉船,敷设电缆、管道等海底服务工程。近年来,高精度磁测还广泛应用于工程环境地球物理调查、地热资源调查以及考古等领域。

五、测井地球物理

1. 测井方法

测井方法种类非常多,而且目前新方法不断涌现,测井正由第二代数字测井向第三代成像测井过渡。常见的测井方法有电阻率测井、自然电位测井、自然伽马测井、超声成像测井、电阻率成像测井、PS 波测井等。

2. 解决的主要城市地质问题

测井方法主要解决的城市地质问题包括:①判别岩性、编录和校正钻孔地质到面;②松散层分层;③测定地层的物理参数(如密度、速度等),为地面地球物理方法提供标定依据;④确定含水层的位置、厚度及性质;⑤进行区域性地层对比,确定地层产状,验证地面物探成果。

六、核勘察方法

氡、汞测量可用于确定断裂构造位置、城市环境监测等工作。由于氡气、汞气体测量受气候影响较大,所获数据重现性差。

珠三角地区多年来的工作实践表明,土壤氡浓度测量对查找隐伏断裂构造是十分有效而又经济的一种手段。综合分析,土壤氡浓度测量对断裂构造调查具有良好的指示性,可以从面上进行断裂构造调查评价。另外,土壤氡浓度在一定程度上反映了断层的活动性。例如北京市也曾布置了4条氡气、汞气测量剖面,用于探测南口-孙河断裂和夏垫断裂,均取得了良好的效果(程光华等,2013)。

第六节 地球化学调查方法

应用地球化学调查的手段和方法开展水土环境质量调查、大气沉降物调查,是城市地质调查中重要的内容。地球化学调查的重点在于样品位置布设、样品的采集与测试。现就样品布设与采集分别说明。

一、土壤质量调查

土壤质量调查包括表层土壤地球化学调查和深层土壤地球化学调查两个部分。

表层土壤采样测试目的是了解地表人类长期活动积累的元素变化,因此表层土壤样品采样深度为0～20cm。采样点尽量布设在网格中心附近200m范围内的农用地,这个范围农用地土层较厚,地形起伏相对平缓,植被发育良好。一定要避开低洼地、高岗地、水土流失严重或地表土壤被破坏(无明显土壤沉积)、明显点状污染的(垃圾堆、新近人工填土)地方,离开主干公路、铁路100m以上。如果无法采集,则尽量选择人工改造时间较长的表层土壤,如绿化带、公园草坪等。

深层土壤样品采集由于各地的地表厚度、土壤性质的差异性,导致使用洛阳铲采集原生深层土壤样存在一定的难度。因此,在城区采用打钻和利用基坑、管道坑等方法来完成采样工作,其余地区仍用洛阳铲采样。

1. 土壤样品布设密度

不同比例尺的土壤样点布设密度参照《土地质量地球化学评价规范》(DZ/T 0295—2016)。

(1)1:25万土地质量地球化学评价:土壤样品平均采样密度为1点/km^2,采样密度范围为0.25～2点/km^2。

(2)1:5万土地质量地球化学评价:土壤样品平均采样密度为9点/km^2,采样密度范围为4～16点/km^2。

(3) 1:1万～1:2000土地质量地球化学评价:土壤样品平均采样密度为32点/km²,采样密度范围为20～64点/km²。

(4) 调查区评价图斑较小:采用1:2000土地质量地球化学评价中的土壤样品平均采样密度,可加密至100点/km²。

2. 土壤样品布设注意事项

(1) 一般地区土壤样品的采集点布设密度为该级评价比例尺的平均采样密度,如遇以下情况可进行适当调整:①在平原、盆地、三角洲等地区,可稀释至相应比例尺的最低采样密度;②以下地区可加密至比例尺的最高采样密度,如在地形复杂、山地丘陵、土地利用方式多样、污染强烈、元素及污染物含量空间变异性大的地区,同时进行大比例尺土地质量地球化学评价工作时,可根据实际评价工作需求加密采样点,直至按照地块进行土壤样品采样点布设。

(2) 1:25万土地质量地球化学评价中样点布设在1km×1km网格内,主要土壤类型或主要用地类型的代表性地块内。

(3) 1:5万以上比例尺的土壤样品应将样点布设在土地利用现状图斑上。在丘陵山区,在坡度为15°～25°的林地,样点布设密度为2～4点/km²;在坡度大于25°的林地,样点可放稀至0.25～1点/km²。

(4) 不同比例尺的土地质量地球化学评价中样品应布置在相应比例尺的工作底图上,底图可以是相应比例尺的地形图,也可以是经过坐标校准的遥感影像图或土地利用现状图。

(5) 不同比例尺的土地质量地球化学评价工作,应在相应比例尺的底图上对采样单元从左向右、自上而下连续顺序编号,在编号图下方注明重复样及标准控制样样号。

3. 区域调查样品布设方法

土壤样品布设原则采用网格加图斑的布设原则,网格数量原则上与采样密度一致。根据《土地质量地球化学评价规范》(DZ/T 0295—2016),网格布设可保证样品在空间上相对均匀,图斑布设可保障土壤样品点主要分布在农用地,同时对在工作区范围内的建设用地和未利用地按照相应评价比例尺采样密度范围的最高要求布设采样点进行控制,以便对工作区域进行整体评价。

二、样品的采集

城市地质调查中涉及的地球化学样品主要是土壤样品、水样品、植被样品3个大类。

(一)一般性土壤样品采集

一般性土壤样品类型分为浅层土壤无机样品、浅层土壤有机样品、深层样品和钻孔土壤样品。

1. 浅层土壤无机样品采集方法

浅层土壤无机样品采样方式为混合样品,采样深度为0～20cm(乡镇和城市样品采集深度要在硬化路面和回填土以下的原生土壤),但是如果是果林类农作物应该加深到0～60cm的表层。需要的工具为铁锹、木铲、样袋、GPS、数码相机、有机样品记录卡片等。

(1) 分样点确定方式:混合样的采集主要有 4 种方法(图 2-8)。

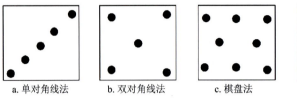

图 2-8 混合样品采集方法

①单对角线法适用于污灌农田土壤,将对角线五等分,以等分点为采样分点;②双对角线法适用于面积较小、地势平坦、土壤组成和受污染程度相对比较均匀的地块,设分点 5 个左右;③棋盘法适宜中等面积、地势平坦、土壤不够均匀的地块设分点 10 个左右,受污泥、垃圾等固体废物污染的土壤分点应在 20 个以上;④蛇形法适宜于面积较大、土壤不够均匀且地势不平坦的地块,设分点 15 个左右,多用于农业污染型土壤,各分点混匀后用四分法取 1kg 土样装入样品袋,多余部分弃去。

常用的混合方式为双对角线法和蛇形法,地块较大的推荐用双对角线法,4 个分样点分别为正东、正南、正西、正北;狭长型地块推荐用蛇形法进行样品采集。

混合样品的子样采集注意事项参照规范《土地质量地球化学评价规范》(DZ/T 0295—2016),具体如下。

子样采集位置:每个子样点的采集部位、采样深度及样品质量要求一致。采集蔬菜地土壤混合样品时,一件混合土壤样品应在同一具有代表性的蔬菜地或设施类型里采集。

子样采集形状:以野外实际确定的采样点为中心,根据采样地块形状确定子样的位置。采样地块为长方形时,采用"S"形布设样点;采样地块近似正方形时,采用"X"形或棋盘形布设样点。子样点需在同一地块内布设,且距采样地块野外样品的 GPS 定点点位距离为 20~50m。采样地块较小时,应在相同用地类型的地块内采集子样,各子样需等分组合成一件混合样,严禁在不同土地利用类型的地块内采集子样。

子样采样深度:在 1:25 万~1:5 万面积性调查评价工作中,果园地土壤采集深度同耕地耕层土壤;在 1:1 万~1:2000 及更大比例尺的面积性评价与重点区评价工作中,果园地土壤采集部位为毛根区,采样深度为 0~60m,原则上由 2~3 个子样等量混合组成一件样品,采样困难的地区,混合子样数量可适当减少。林地的土壤样品采集深度为 0~20cm,由 2~3 个子样等量混合成一件样品。耕地采集耕作层土壤,采样深度为 0~20cm,由 4~6 个子样等量混合组成一件样品。

(2) 土壤样品采集准备:样品采集前需对地表周围的杂草、碎石等物质进行清理,防止其散落到样坑。在农田或者绿地等无硬化路面地块取样只需拨开表面的碎石块和杂草等外来物质,拨开的地表土层不宜较厚。如遇有硬化路面等情况需破开硬化路面,挖开硬化路面和外来填土,采集该地块的原生土壤。

(3) 样品采集:利用铁铲挖开一个"L"形的新鲜面,新鲜面高 20cm,再用木铲去掉铁铲与新鲜面接触面的土壤,用木铲垂向切割一个 20cm 高的土柱,将土柱分摊在牛皮纸上,每个样点重复上述工作分别采取分样点和中心样点的样品,各点所取土主厚度和质量要大致一样,将 5 个土壤样品放置于牛皮纸上等待样品混合。

(4)样品混合与分装:首先,将取得的样品充分碾碎,清除土壤表层的植物残骸和石块等其他杂物,有植物生长的点位应除去土壤中的植物根系;其次,将样品合拢平摊在牛皮纸上,让其充分地混匀;再次,将充分混匀的样品进行四分(图2-9),先将对角线样品装入样袋,而后将样品再进行混合,再将对角线样品转入样袋,直至样品质量达到要求规范(一般分装样品的质量为1kg,如遇当土壤中砂石、草根等杂质较多或含水量较高时,可视情况增加样品采样量);最后,样品分装完成后将样品标系在样袋上,并在样袋上写上样点编号,再将样品装入塑料袋(可视情况操作,避免样品的交叉污染,含水量较高的样品必须装入塑料袋中)。

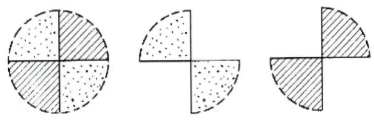

图2-9 土壤样品混合示意图

(5)采样点信息记录:根据采样表格记录采样点的信息,采样小组应在现场进行采样信息的记录。记录信息包括样点编号、样点所在位置、样点经纬度、土壤信息、分样点周边信息、潜在污染源等。拍摄各个样点的照片,分样点照片要反映样点所在方向的地物背景,中心样点照片要反映样品采集深度。采样组长现场进行样品采集信息核实并签字。

(6)采样工具清理:样品采集完成后对所有的采样工具进行清理,特别是所用木铲等工具,回填样坑。

2. 浅层土壤有机样品采集方法

浅层土壤有机样品采样方式为单点样品,采样深度为0~20cm(乡镇和城市样品采集深度要在硬化路面和回填土以下的原生土壤),但是如果是果林类农作物应该加深到0~60cm的表层。所需采样工具为铁铲、小铁铲、棕色磨口玻璃瓶、硬纸板、保温箱、GPS、数码相机、有机样样品采集记录卡等。采样需要有详细的过程记录,以及相应的照片或视频。

(1)样点确定方式:土壤有机样品采集为单点采集,选取点位50m范围内有代表性的地方进行样品采集,如该点有土壤浅层无机样品,则就在无机样点中心点开挖之后立刻采取。

(2)土壤样品采集准备:样品采集前需对地表周围的杂草碎石等物质进行清理,防止其散落到样坑。在农田或者绿地等无硬化路面地块取样只需拨开表面的碎石块和杂草等外来物质,拨开的地表土层不宜过厚。如遇有硬化路面等情况需破开硬化路面,挖开硬化路面和外来填土,采集该地块的原生土壤。

(3)样品采集:利用铁铲挖开一个新鲜面,新鲜面高20cm,再用小铁铲铲去掉铁铲与新鲜面接触面的土壤,用小铁铲垂向切割一个20cm高的土柱,将土柱捏碎装入棕色磨口玻璃瓶内。

(4)样品分装:棕色磨口玻璃瓶打开之后清空瓶内所有纸片或者水等杂质,用光洁硬纸板折成漏斗状置于瓶口,将小铁铲取得的样品捏碎进行分装,分装时避免样品与瓶口接触导致玻璃瓶不密封。样品要装满玻璃瓶,样品质量不少于250g,样品分装完成后拧紧玻璃瓶,并用胶带密封玻璃瓶瓶口。贴上标签并及时放入样品冷藏箱,在4℃以下避光保存。

(5)采样点信息记录:根据采样表格记录采样点的信息,采样小组应在现场进行采样信息的记录。记录信息包括样点编号、样点所在位置、样点经纬度、土壤信息、分样点周边信息、潜在污染源等。拍摄样点的照片,样点照片要反映样品采集深度。采样组长现场进行样品采集信息核实并签字。

(6)采样工具清理:样品采集完成后对所有的采样工具进行清理,特别是所用小铁铲等工具,回填样坑。

3. 深层样品采集方法

深层土壤样品采样方式为单点样品,平原区采样深度在 150cm 以下,丘陵地区的采样深度为 120~150cm,山区采样深度在 100cm 以下。所需采样工具为洛阳铲、取土器、木铲、样袋、GPS、数码相机、深层样样品采集记录卡等。采样需要有详细的过程记录,以及相应的照片或视频。

(1)样点确定方式:山地丘陵区一般选择在土壤覆盖较厚的沟谷地带,以保证样品的原生性,但不宜采集基岩面残坡积物,以保证样品代表性。在城镇区要注意调查和访问,避开近期搬运的堆积土、垃圾土和明显污染地段;也可以布置在正开挖的地基剖面上,但采样时必须避免上层土粒和其他尘土混入。如该点有土壤浅层无机样品,则就在无机样点中心点开挖之后立刻采取。

(2)土壤样品采集准备:样品采集前需对地表周围的杂草碎石等物质进行清理,防止散落到样坑,用铁锹开挖一个 20cm×20cm 的圆形样坑,然后使用洛阳铲或其他专门的土钻等工具垂直向下钻进。当采样中遇到碎石较多时,可在附近另行掘进采样或采取人工开挖的方法采集样品。

(3)样品采集:当达到采样规定的采样深度后,采取起始深度以下连续采 10~50cm 长的土柱,将样品分摊在牛皮纸上。样品采集应避免采集基岩风化层,若符合要求的土层太薄达不到规定深度时,应同点多次采样。

(4)样品分装:将牛皮纸上的柱状样品用木铲刮去与铁器接触的部位,捏碎装入样袋,样品质量不少于 1kg。样品分装完成后在样袋上贴上标签,并在样袋上写上样点编号,再将样品装入塑料袋(可视情况操作,避免样品的交叉污染,含水量较高的样品必须装入塑料袋中)。

(5)采样点信息记录:根据采样表格记录采样点的信息,采样小组应在现场进行采样信息的记录。记录信息包括样点编号、样点所在位置、样点经纬度、土壤信息、潜在污染源等。拍摄样点的照片,样点照片要反映样品采集深度。采样组长现场进行样品采集信息核实并签字。

(6)采样工具清理:样品采集完成后对所有的采样工具进行清理,特别是所用木铲等工具,回填样坑。

4. 钻孔样品采集方法

钻孔土壤样品采集位于工程钻孔或者水文钻孔内,其目的是研究土壤中重金属元素在垂向上的分布规律,根据土壤不同层位采取。所需采样工具为木铲铲、样袋、牛皮纸、皮尺、GPS、数码相机、钻孔样品采集记录卡等。

(1)样点确定方式:钻孔土壤样品采集位置根据钻孔土壤分层确定。

(2)土壤样品采集准备:样品采集前需根据工作需要(第四纪地层分层、工程地质分层等)

的土壤知识,将土壤样品进行分层。

(3)样品采集:钻孔土壤样品按每层自上而下连续采取样品。

(4)样品分装:用小木铲刮去岩芯与钻杆接触部位,自上而下连续采取土壤样品,捏碎装入样袋,样品质量不少于1kg。样品分装完成后在样袋上贴上标签,并在样袋上写上样点编号,再将样品装入塑料袋(可视情况操作,避免样品的交叉污染,含水量较高的样品必须装入塑料袋中)。

(5)采样点信息记录:根据采样表格记录采样点的信息,采样小组应在现场进行采样信息的记录,记录信息包括样点编号、样点所在位置、样点经纬度、土壤信息、潜在污染源等。拍摄样点的照片,样点照片要反映样品采集深度。采样组长现场进行样品采集信息核实并签字。

(6)采样工具清理:样品采集完成后对所有的采样工具进行清理,特别是所用木铲等工具。

(二)农产品相关样品采集

农产品相关样品采集分为农作物样品、农作物根系土壤样品采集及土壤有效态样品采集。

1. 农作物样品采集

农作物样品采集参照《土地质量地球化学评价规范》(DZ/T 0295—2016)。

农作物样品采样方式为混合样品。需要的工具为小刀、样袋、GPS、数码相机、农作物样品采集记录卡片等。最好于农作物收获盛期采集样品,在采样点地块内视不同情况采用棋盘法、对角线法、蛇形法等进行多点取样。

农作物样品的采集量一般为待测试样量的3~5倍,每个子样点采集量则随样点的多少而变化。通常情况下,谷物、油料、干果类为300~1000g(干质量),水果、蔬菜类为1~2kg(鲜质量),水生植物为300~1000g(干质量),烟叶和茶叶等可酌情采集。

(1)农作物样品采集时期和部位:农作物样品采集时期为农作物收获期,采集时间应选择无风晴天,雨后不宜采集。农作物样品应该包括茎、叶、果、籽等组织,主要采集植物的可食用部分,兼采集少量非食用部分。

(2)样点确定方式:农作物样品采集充分代表采样地段农作物的样株,采样时避开株体过大或过小、遭受病虫害及机械损伤等特殊的植株,选择平均大小、自然生长无特殊影响的植株。同时要避开田埂、地边及距田埂2m以内的植株。在采样点地块内视不同情况采用棋盘法、双对角线法、单对角线法、蛇形法等进行多点取样。常用的混合方式为双对角线法和蛇形法,地块较大的推荐用双对角线法,4个分样点分别为正东、正南、正西、正北,狭长型地块推荐用蛇形法进行样品采集。

(3)样品采集:利用采样工具将可食用部分的植物放入聚乙烯塑料袋,每个样点选取5~10株植物,每株植物要自上向下采取,每个分样点采取的质量要相等。若采集根部样品,在清除根部上的泥土时不要损伤根毛。同时,采集植株根、茎、叶和果实样品时应现场分类包装,同一采样点的同一作物使用统一编号。测定重金属的样品,尽量用不锈钢制品直接采取样品。

样品采集还需注意以下事项:①注意样品的代表性,农作物样品应该选择工作区普遍种植的类型,且属于当地居民日常食用的常见农作物;②采样时应避开遭受病虫害或有其他特殊情况的植株,若采集根部样品,在清除根部上的泥土时不要损伤根毛;③另外一般情况下,遇到施肥、喷药污染的样品需要进行洗涤,并且样品应在刚采集的新鲜状态下冲洗,可用湿布擦净表面污染物,然后再用蒸馏水冲洗1~2次。

(4)样品分装:新鲜样品采集后应立即装入聚乙烯塑料袋,并扎紧袋口,以防水分蒸发。测定重金属的样品则尽量用不锈钢制品直接采取样品。植株样品按不同部位(根、茎、叶、籽)分开,应分类包装,以免养分转移,同一采样点的同一作物使用统一编号。剪碎的样品太多时,可在混匀后用四分法缩分至所需的量(要保证干样约100g)。籽粒的样品要在脱粒后混匀铺平,用方格法和四分法缩分,过20目筛,取得约250g样品。颗粒大的籽粒可取500g左右。

(5)采样点信息记录:根据采样表格记录采样点的信息,采样小组应在现场进行采样信息的记录。记录信息包括样点编号、样点所在位置、样点经纬度、土壤信息、分样点周边信息、潜在污染源等。特别是对农作物种植田块的地理地貌、地下水、成土母质地质成因、土壤类型等进行仔细的调查和记录。在采样点要对农作物的品种、生长情况(播种、移植、抽穗、扬花、收割等时期和长势)、田间管理情况(灌溉、施肥、除草)、耕作情况等,根据农田管理制度进行同样详细的调查和记录。拍摄各个样点的照片,分样点照片要反映样点所在方向的地物背景,中心样点照片要反映样品采集深度。采样组长现场进行样品采集信息核实并签字。

2. 农作物根系土壤样品采集

(1)农作物样品采集时期和部位:农作物根系土壤样品要和农作物样品同时采集。

(2)采样点确认:采集地点为农作物采集样点。

(3)样品采集:拔出农产品的植株,将植株的根系土壤抖动到牛皮纸上。

(4)样品混合和分装:首先,将取得的样品充分碾碎,清除土壤中植物根系和石块等其他杂物,混匀样品;其次,将充分混匀的样品进行四分,先将去对角线样品装入样袋,而后将样品再进行混合,再装取对角线样品转入样袋,直至样品质量达到要求规范(一般分装样品的质量为1kg,如遇当土壤中砂石等杂质较多或含水量较高时,可视情况增加样品采集量);最后,样品分装完成后在样袋上贴上标签,并在样袋上写上样点编号,再将样品装入塑料袋(可视情况操作,避免样品的交叉污染,含水量较高的样品必须装入塑料袋)。

(5)采样点信息记录:根据采样表格记录采样点的信息,采样小组应在现场进行采样信息的记录。记录信息包括样点编号、样点所在位置、样点经纬度、土壤信息、分样点周边信息、潜在污染源等。特别是对农作物种植田块的地理地貌、地下水、成土母质地质成因、土壤类型等进行仔细的调查和记录。对采样点要调查好农作物的品种、生长情况(播种、移植、抽穗、扬花、收割等时期和长势)、田间管理情况(灌溉、施肥、除草)、耕作情况等,根据农田管理制度做好详细的调查和记录。拍摄各个样点的照片,分样点照片要反映要点所在方向的地物背景,中心样点照片要反映样品采集深度。采样组长现场进行样品采集信息核实并签字。

3. 土壤有效态样品采集

土壤有效态采集方法同前文"(一)一般土壤样品采集"中的"1.浅层土壤无机样品采集方法"一样,只是样品不用混合。土壤有效态采集方法的点位布设与本部分"1.农作物样品采集"中的点位布设一样。

(三)重复样品的采集

根据原样点标记和GPS坐标点选择采样位置,在离第一次采样点位附近进行第二次采样。重复取样由不同人不同时间采集时,重复样数量为总采量的2‰～3‰,一般以每50件样品布置一件土壤重复样品,以密码形式插入每一批样品中,重复样在调查区上应较均匀地分布。将重复样采样点位在土地利用图上标注出来,与原样同批分析。重复样采样要求具体参照《多目标区域地球化学调查规范(1∶250 000)》(DZ/T 0258—2014)。

(四)地下水样品采集

(1)采样:采样之前进行洗井,洗井的时间大约半小时。洗井结束后立即进行采样,同一采样井连续进行采样,中间不能出现间断,确保水样为含水层中地下水。在水样采集前应先用清洁剂洗井,然后用自来水冲洗干净;测水温的温度计应事先予以校准;取样时至少用地下水将水样瓶冲洗3次,水样取好后,将井编号、水温、含水层层次写于标签上,并将标签贴在样瓶上。送样单上应反映同样内容。取样时,样瓶内水面距瓶口高度为3～5mm。

(2)样品保存:根据不同测试项目的要求,采集的水样采用不同的容器储存。同时,为避免一些因素对样品的影响,采集的水样立即加入适量化学保护剂,必要时进行冷藏保存。

(五)地表水样品采集

(1)采样:取样时至少用地表水将水样瓶冲洗3次以上,水样取好后,将取样点编号、位置、取样时间、测试项目写于标签上,并将标签贴在样瓶上。送样单上应反映同样的内容。取样时,样瓶内水面距瓶口高度为3～5mm。

(2)样品保存:根据不同测试项目的要求,采集的水样采用不同的容器储存。同时,为避免一些因素对样品的影响,采集的水样立即加入适量化学保护剂,必要时进行冷藏保存。

思考题

1. 常见的城市地质工作方法有哪些?适用范围如何?
2. 城市地质工作开展前收集的资料应该涉及哪些方面?为什么?这些资料应该去哪些部门搜集?搜集回来的资料应该如何整理?
3. 地表调查的规范是什么?不同调查精度的要求有何不同?
4. 遥感调查的主要步骤是什么?
5. 钻探的主要布孔原则是什么?
6. 城市地质调查主要应用的地球物理方法有哪些?适用于什么范围?

第三章　城市地质环境背景调查

第一节　地质环境背景类型

根据《2020年民政事业发展统计公报》，截至2020年底我国共有省级行政区划单位34个，地级行政单位333个，县级行政区划单位2844个。由于我国地处北半球临太平洋沿岸和亚欧大陆东部，在经纬度差异分带条件下，再加上受地势高低影响，我国城市在地域分布上存在显著的不均匀性。大部分城市集中于东经110°以东沿海和中部地区；而东经110°以西地区不仅大、中城市缺少，而且小城市数量也甚少。自东部沿海向内地，再到西部边疆，城市数量呈现出由高度集中→比较集中→比较分散稀疏零星的状况。这种分布上的极不均匀性直接反映了不同地域城市地质环境背景的差异性和不同特点(中国地质学会城市地质研究会，2005)。

一、区域自然地理环境背景

地处不同经纬度地区的城市，在气温、降水量、蒸发量等重要因素方面差异性明显。这些自然地理因素对城市的形成、发展起到了重要影响作用。

首先，气温受纬度、海陆分布和地势起伏高低的影响十分明显。这导致我国南、北方气温差异明显。

其次，我国降水量总趋势呈现出由东南沿海向西北内陆递减的特点，明显地分出与地势相适应的不同降水带。大兴安岭以东、阴山以南、大别山以东、秦岭以南、横断山脉以东地区多属湿润地区，年降水量一般大于800mm，我国的大多数城市集中在这些地区。通常依降水量多少大致以淮河分界，淮河以南为湿润区，以北为半干旱半湿润区，其余城市则处于干旱、半干旱地区和高寒地区。

再次，气候的分带性特点决定了城市分布的不均匀性。它直接影响我国城市的自然景观和经济发展。特别是不同气候区条件下的生态和水环境差异十分显著。所以，那些处在东部季风区、西北干旱区和青藏高寒区的城市，则体现出不同自然环境下的城市气候特点。

最后，山川形势属于自然地理环境的重要组成部分，它对城市形成和发展同样具有重要影响，所以是研究城市环境不可忽视的前提条件。

二、城市区域地质构造环境背景

我国地处亚洲大陆东部,以板块构造学说而论,大地构造隶属于欧亚板块的南缘,东邻太平洋板块和菲律宾板块,北为欧亚板块的主体,西南为印度板块。在大陆的内部发育着控制我国东部东南沿海平原和山地、长白山脉、华北平原和太行山脉地区的(华夏、新华夏系)北东、北北东向构造,以阴山山脉、秦岭-昆仑山脉和南岭山脉以及喜马拉雅山脉为代表的纬向构造带,以贺兰山-六盘山、龙门山-横断山脉为代表的南北向构造,以及中国西部发育的陇西系、青藏"歹"字形构造和北西向构造,它们一起组成了我国境内的基本构造格架。

这些构造特点奠定了城市所在地区的地形、地貌、山川形势基础架构,进而形成了我国城市地质环境的大背景。以我国的城市分布特征而论,由于大多数城市集中于东部沿海和中部、东部平原地带,所以在很大程度上位于华夏系和新华夏系大地构造背景范围。

这些主要体现在新构造活动对古构造的继承性特点方面。因此,地质构造环境对城市的影响:一方面主要是通过继承性活动强烈地表现出来,如新生代平原及构造格局的形成为城市形成和发展提供了有利条件;另一方面不同地质构造环境下所提供的可利用资源和开发效益为矿山城市的形成及发展提供了物质基础与经济发展潜力。

三、城市区域地貌及第四纪地质环境

如前所说,城市的发展无不依赖于自然地质环境,其中地形地貌条件占有极其重要的地位。我国城市的分布和发展现状足以反映出它们之间的密切关系,即使是一些山区城市也都是坐落于相对平坦的山间谷地沿河地带。

显然,地形地貌条件属于城市地质环境最富有影响的因素之一。实际上,它的意义不仅如此,除了少数以矿产为依托的矿山和丘陵区城市以基岩为场地外,绝大多数城市地质环境都是以厚度不等的第四系松散堆积物为场地的。无论是地面建筑或是地下建筑,第四纪松散沉积物既是工程地基的基本材料,同时又是城市形成和发展的最基本的地质环境条件,所以城市的生存和发展与第四纪地质环境关系极为密切。

四、城市地质环境类型划分

地质环境不仅是城市形成发展过程中的首要条件,而且也是对城市建设和发展具有决定性意义的要素。由于城市所在地区地质环境的多样性,它们对于城市功能的发挥直接或间接地产生影响。为了更合理地利用地质环境,充分发挥土地资源的效益,使城市建设和发展与地质环境特点、规律相适应,正确认识不同地质环境的特点具有重要意义。因此,基于我国地域不同、地质环境复杂的特点,按照一定原则对中国城市地质环境类型进行科学分类非常必要。城市地质环境分类原则如下。

(1)坚持以城市地质环境区域规律为基础,强调现代地壳构造活动对城市地质环境的控制作用。

(2)突出城市分布与自然景观之间的内在联系性,特别是城市对地貌景观的依存性。

(3) 以城市地质基本要素为内容,强调城市地质的差异性。

根据以上原则,我国城市地质环境可划分为 4 个大类和 11 个亚类(表 3-1)。

表 3-1 中国城市地质类型划分类代号

大类代号	大类	亚类代号	亚类	代表性城市
Ⅰ	滨海型	Ⅰ₁	滨海平原型	上海、广州、福建
		Ⅰ₂	滨海山地型	大连、秦皇岛、烟台、青岛
Ⅱ	平原型	Ⅱ₁	冲积平原型	哈尔滨、石家庄、成都
		Ⅱ₂	冲击三角洲平原型	苏州、无锡、南京
		Ⅱ₃	山前倾斜平原型	北京
Ⅲ	内陆盆地型	Ⅲ₁	内陆河谷亚型	重庆、武汉、长沙
		Ⅲ₂	内陆干旱、半干旱、季节冻土盆地亚型	乌鲁木齐、呼和浩特
		Ⅲ₃	黄土高原盆地亚型	兰州、西安、太原
		Ⅲ₄	岩溶河谷盆地亚型	贵阳、南宁、桂林
Ⅳ	高原河谷型	Ⅳ₁	深切河谷亚型	攀枝花
		Ⅳ₂	高原寒冻河谷亚型	西宁、拉萨

第二节 地形地貌调查

地貌即地球表面各种形态的总称,也称为地形。地表形态是多种多样的,成因也不尽相同,是内、外力地质作用对地壳综合作用的结果。内力地质作用造成了地表的起伏,控制了海陆分布的轮廓及山地、高原、盆地和平原的地域配置,决定了地貌的构造格架。而外营力(流水、风力、太阳辐射能、大气和生物的生长和活动)地质作用,通过多种方式对地壳表层物质不断进行风化、剥蚀、搬运和堆积,从而形成了现代地面的各种形态。

地貌调查的内容包括地貌形态描述、形态测量、成因、物质组成、现代作用过程等。在进行地貌调查前,应先结合调查区的地形图、航空照片、卫星照片等资料综合研究,以对全区地质、地貌有一个总的概念,为确定考察计划和路线提供依据。

在一般情况下,只需调查建设项目所在地区的地貌特征、海拔高度、周围地区的地貌类型(山地、平原、沟谷、丘陵、盆地、海岸等),以及喀斯特(岩溶)地貌、冰川地貌、风成地貌以及植被分布等情况的现有资料。若崩塌、滑坡、泥石流、冻土等有危害的地貌现象不直接或间接影响和威胁建设项目的开发建设,则只需调查了解其一般情况。

当地貌对建设项目的影响比较明显时,除应详细调查外,还应亲临现场踏勘,了解对建设项目可能产生直接危害的地貌现状及其发展趋势。

若无资料可供查阅时,可以进行一些简单的现场勘测。

第三节 地层岩性调查

一、岩性

在城市地质调查中,地层岩性调查必不可少。岩石是储存地下水的介质。岩性是划分含水层和确定地下水类型的基础,一定类型的岩石赋存一定类型的地下水(表3-2)。岩性常常决定着岩石的区域含水性。岩石的区域含水性是指某种岩石中地下水分布的广泛程度和有水地段的平均富水程度,一般以水井在某一降深的出水量表示。岩石的含水性主要取决于岩石的原生和次生孔穴及裂隙的发育程度,而这些条件又和岩石类型有关。因此,岩石类型和岩石区域含水性有着一定的对应关系,一般以可溶岩类岩石的区域含水性最好,各种泥质岩石为最差。

岩石的矿物类型和化学成分在很大程度上决定着地下水的化学类型(表3-2)。

表3-2 不同类型岩石所赋存的地下水类型

岩石基本类型		疏松孔隙岩石	岩浆岩、结晶片岩、胶结的沉积岩	可溶性岩石	火山喷出岩
地下水类型	基本类型	孔隙水,也可见少数裂隙水	裂隙水	喀斯特水(岩溶水)	裂隙水
	过渡类型或特殊类型	松散岩石的孔隙裂隙水(黄土)、裂隙水(某些成岩裂隙发育的黏土)	半胶结岩石的孔隙裂隙水	岩溶-裂隙水	大孔洞地下水(少见)

在松散岩石中,对地下水赋存条件影响最大的因素是岩石的孔隙性。因此,首先要观测研究岩石组成的颗粒大小、排列及级配,其次是岩石的结构与构造,最后是岩石的矿物与化学成分。一般来说,在松散岩石地区进行水文地质测绘时,要重点查明各类松散岩石的成因类型、厚度、物质来源及其分布规律。

对基岩来说,岩石类型、可溶性、层厚和层序组合是研究岩石含水性的重要依据。岩石按力学性质可分为三大类,即脆性岩石、塑性岩石和半脆性岩石。脆性岩石受力后易断裂,往往形成宽大裂隙,裂隙一般延伸较长,但数量较少,分布较稀疏,多构成地下水的主要运移通道。塑性岩石受力后容易弯曲,节理、劈理发育,形成的裂隙一般短小、闭合,但裂隙密度大,多赋存结合水,往往构成相对隔水层。半脆性岩石受力后变形处于上述两者之间,裂隙分布中等延伸也较远,一般含水较均匀,多构成含水层。

岩石按可溶性可分为可溶岩、半可溶岩和非可溶岩。可溶岩、半可溶岩经地下水溶蚀作用可使裂隙不断加宽、扩大,形成溶隙或溶洞,更有利于地下水的形成和运移,往往是最好的含水层。在可溶岩中,对地下水赋存条件影响最大的因素是岩石的岩溶发育程度。因此,要着重研究岩石的化学成分、矿物成分及岩石的结构和构造与岩溶发育的关系。

在非可溶性的坚硬岩石中,对地下水赋存条件影响最大的因素是岩石的裂隙发育状况。

因此,要着重研究裂隙的分布状态、张开程度、充填情况及裂隙发育强度等。这些特征主要取决于裂隙成因类型,尤其是构造裂隙的力学属性。

层厚直接影响岩石变形破坏的性质和程度。一般来说,薄层岩石受力易弯曲,厚层岩石受力后易断裂,产生大的裂隙,因此厚层岩石含水性比薄层含水性好。

层序组合也是影响岩石含水性好坏的重要因素。如果脆性、半脆性或可溶岩分布连续且厚度大时,有利于形成贯通程度好的裂隙网络,则有利于地下水的形成和运移,容易形成规模较大的含水系统。

二、地层确定

地层是构成地质图和水文地质图的最基本的要素。在地质测量时,地层是最基本的填图单位,而层状含水层总是与某个时代的地层层位相吻合。因此,搞清了地层的时代和层序,也就搞清了含水层的时代、埋藏和分布条件。

由于地层划分是以古生物化石确定地层时代的,有时仅考虑岩性特点就无法确定,常不能满足含水层、隔水层的划分要求。因此,在水文地质测绘工作开始之前,应重新进行地层划分,将岩性作为地层划分的主要依据,建立起水文地质剖面,以此作为水文地质填图的单位。

要认真研究或实测地层标准剖面,确定水文地质测绘时所采用的地层填图单位,即确定出必须填绘的地层界线。水文地质测绘要填绘出地层界线,调查不同时代地层的岩性、含水性、岩相变化、地层接触面等。

第四节 地质构造调查

从新近纪(中新世开始)以来发生的地壳运动称新构造运动,相应的时代称新构造时期。新构造运动是引起第四纪自然环境变化的另一个要因素,这一内力作用也引起一系列环境效应并影响地壳稳定性。新构造运动有水平运动(板块运动)、垂直运动、断裂活动、火山活动和地震等。

(1)大规模拉张运动:大洋中脊地幔对流,洋脊处于拉张状态,新洋脊不断形成,大陆裂谷(如东非裂谷)发育大陆溢流玄武岩,它们代表新构造地壳的拉张活动。

(2)大规模俯冲、碰撞活动:太平洋东、西两侧均有海沟,大洋板块不断向大陆板块俯冲,大陆板块被挤压形成新的造山带,如北美西部和南美安第斯山脉等新生代造山带。新生代地中海-喜马拉雅带发生板块碰撞,印度板块与欧亚板块碰撞最引人注目,当今"世界屋脊"喜马拉雅山脉就是在印度板块不断向欧亚板块推进的背景下迅速抬升的。

(3)大规模走滑活动:美国加利福尼亚圣·安德列斯断层新生代发生大规模右旋走滑活动,中国鲜水河断裂发生大规模左旋走滑,均是当今活跃的地震带。

(4)褶皱运动:新近纪及第四纪中褶皱发育虽不及地质历史时期强烈,但断裂带附近常见地层褶皱现象。

第五节　气象与水文调查

一、气象调查

气象是指是指发生在天空中的风、云、雨、雪、霜、露、虹、晕、闪电、打雷等一切大气的物理现象。气象调查是指从研究这些物理现象变化的规律着手，分析气候随时间的变化规律及在空间分布的特征。由于气候变化是由大气、海洋、陆地、冰雪圈、生物圈所组成的气候系统在各种不同时空尺度上相互作用的结果，目前还没有一个模式能够把这些过程完全描述出来。只能通过先进的观测手段，利用各种资料，对气候变化进行评价和诊断分析，并作出预测，以求了解气候变化和气候异常的发生、发展过程和原因及未来可能出现的情况，揭示其对社会、经济、环境等各方面的影响，三者结合起来才能逐步认识和掌握气候规律。

二、水文调查

水文调查主要在野外以较短时间收集开发利用水资源所需的水文及有关资料的技术措施。它是在无水文测站地区时收集资料的唯一手段。而在水文站网稀少特别是在暴雨洪水资料缺乏的地区，或虽有水文站网但尚不能提供规划设计及水资源开发利用所需的关于流域、水体充分资料的地区，水文调查是与定位观测相辅相成并可弥补定位观测不足的重要技术措施。

调查内容包括：①水文要素（水位、流量、含沙量、土壤含量、下渗等）；②气候特征（降水、蒸发、气温、湿度、风等）；③流域自然地理（地形、地质、水系、分水线、土壤、植被等）；④河道情况（河宽、水深、弯道、建筑物等）；⑤人类活动（水利工程、水土保持措施、土地利用、工农业用水等）；⑥水旱灾情，社会经济状况等方面。另外，在某些情况下为了专门的目的，也可以组织专门的水文调查。例如洪水调查主要是查清历史洪水痕迹、发生日期和情况、河道情况、估算洪峰流量、洪水总量及发生频率等。

第六节　水文地质调查

水文地质条件（Hydrogeological Condition）是指有关地下水形成、分布和变化规律等条件的总称。水文地质条件包括地下水的补给、埋藏、径流、排泄、水质和水量等。一个地区的水文地质条件是随自然地理环境、地质条件以及人类活动的影响而变化的。开发利用地下水或防止地下水的危害，必须通过勘察查明水文地质条件（河海大学《水利大辞典》编辑修订委员会，2015）。水文地质调查工作是针对城市地质勘查区的地质、地貌、水文地质等情况进行调查研究的重要方法，是认识和掌握水文地质规律的必要过程。

一、区域水文地质条件

1. 岩性调查

岩石是地下水赋存与运动的主要介质之一,一个地区的岩性特征往往决定了地下水的类型、分布、水量和水质。岩石的孔隙性质与地下水密切相关,故应重点调查岩石的孔隙特征和变化规律与岩性、岩相变化的内在联系,同时应查明在不同岩性与岩相中孔隙、裂隙和溶隙的发育特征,并结合其他水文地质特征,确定控制剖面中的含水层和隔水层位置,以及含水层的富水性和地下水径流条件在空间的变化规律。

2. 地层研究

地层是划分含水层与隔水层的主要依据,地层的成因、层状构造及岩相变化直接与含水层的厚度、稳定性和富水性有关。除确定层序和地层时代外,应着重调查各时代地层的岩性,尤其注意弱含水地层中相对含水性较好和厚度较大的地层,以及强含水地层中相对弱的含水层。地层的接触面裂隙比较发育,往往也是地下水的富集带,当接触面产状、地层组合关系、地下水径流方向与地形条件有利时,常会有地下水流出地表。所以,研究地层接触面的岩性、宽度、产状等也很重要。

3. 地质构造的调查

地质构造不仅控制着含水层和隔水层的分布规律,还显著影响着地下水的形成和富集。较大的构造体系控制着区域水文地质条件,较低级别的构造又制约着局部地下水的形成和分布。褶皱可以构成地下水的承压盆地和承压斜地,而其不同部位因破碎性质和破碎程度不同,水文地质条件往往差异较大。在断层构造中,张性断层起透水作用,能沟通各含水层之间或含水层与地表水之间的水力联系,形成地下水强烈的径流带或集中排泄带;压性断层由于本身透水性微弱或根本不透水,阻挡地下水径流或切断含水层,使其两侧地下水位相差悬殊。因此,在水文地质测绘中应仔细描述各种构造的形态、规模、力学性质和分布规律,从而查明地下水形成和分布的构造条件。

二、地下水类型

1. 按起源分类

按起源不同,可将地下水分为渗入水、凝结水、初生水、埋藏水和包气带水。

渗入水:降水渗入地下形成渗入水。

凝结水:水汽凝结形成的地下水称为凝结水。当地面的温度低于空气的温度时,空气中的水汽便要进入土壤和岩石的空隙中,在颗粒和岩石表面凝结形成地下水。

初生水:既不是降水渗入,也不是由水汽凝结形成的,而是由岩浆中分离出来的气体冷凝形成,这种水是岩浆作用的结果,称为初生水。

埋藏水:与沉积物同时生成或海水渗入到原生沉积物的孔隙中而形成的地下水成为埋藏水。

包气带水:指潜水面以上包气带中的水,这里有吸着水、薄膜水、毛管水、气态水和暂时存在的重力水。包气带中局部隔水层之上季节性存在的水称上层滞水。含水岩土分为两个带,上部是包气带,即非饱和带,在这里除水以外,还有气体;下部为饱水带,即饱和带。饱水带岩土中的空隙充满水。根据《水文地质术语》(GB/T 14157—93)定义,狭义的地下水是指饱水带中的水。

2. 按矿化程度分类

按矿化程度不同,可将地下水分为淡水、微咸水、咸水、盐水、卤水,矿化程度是指单位体积地下水中可溶性盐类的质量,即溶解性总固体(TDS),常用单位为 g/L 或 mg/L。它是水质评价中常用的一个重要指标。其数值等于一升水加热到 105~110℃ 时,使水全部蒸发剩下的残渣质量,或等于阴、阳离子总和减去重碳酸离子含量的 1/2(表 3-3)。

表 3-3 地下水按溶解性总固体分类表　　　　　　　　　　　　单位:g/L

分类	淡水	微咸水	咸水	盐水	卤水
TDS 含量	<1	1~3	3~10	10~50	>50

3. 按含水层性质分类

按含水层性质不同,可将地下水分为孔隙水、裂隙水、喀斯特水。

孔隙水:疏松岩石孔隙中的水。孔隙水是储存于第四系松散沉积物及第三系少数胶结不良的沉积物孔隙中的地下水。沉积物形成时期的沉积环境对于沉积物的特征影响很大,使其空间几何形态、物质成分、粒度以及分选程度等均具有不同的特点。孔隙水为存在于岩土孔隙中的地下水,如松散的砂层、砾石层和砂岩层中的地下水。裂隙水是存在于坚硬岩石和某些黏土层裂隙中的水。

裂隙水:赋存于坚硬、半坚硬基岩裂隙中的重力水。特征为:裂隙水的埋藏和分布具有不均一性和一定的方向性;含水层的形态多种多样;明显受地质构造因素的控制;水动力条件比较复杂。

喀斯特水:称岩溶水,指存在于可溶岩石(如石灰岩、白云岩等)的洞隙中的地下水。特征为:水量丰富而分布不均一,在不均一之中又有相对均一的地段;含水系统中多重含水介质并存,既有具统一水位面的含水网络,又具相对孤立的管道流;既有向排泄区的运动,又有导水通道与蓄水网络之间的互相补排运动;水质水量动态受岩溶发育程度的控制,在强烈发育区动态变化大,对大气降水或地表水的补给响应快;喀斯特水既是赋存于溶孔、溶隙、溶洞中的水,又是改造其赋存环境的动力,不断促进含水空间的演化(武汉市测绘研究院,2019;马建军等,2021)。

4. 按埋藏条件分类

按埋藏条件不同,可将地下水分为上层滞水、潜水、承压水。

上层滞水:埋藏在离地表不深、包气带中局部隔水层之上的重力水。上层滞水一般分布不广,呈季节性变化,雨季出现,干旱季节消失,其动态变化与气候、水文因素的变化密切相关。

潜水:指埋藏在地表以下第一个稳定隔水层以上、具有自由水面的重力水。潜水在自然界中分布很广,一般埋藏在第四系松散沉积物的孔隙及坚硬基岩风化壳的裂隙、溶洞内。

承压水:埋藏并充满两个稳定隔水层之间的含水层中的重力水。特征为:承压水受静水压影响;补给区与分布区不一致;动态变化不显著;承压水不具有潜水那样的自由水面,所以它的运动方式不是在重力作用下的自由流动,而是在静水压力的作用下以水交替的形式进行运动(陶晓风和吴德超,2019)。

三、地下水的补给、排泄、径流

1. 地下水的补给

含水层或含水系统从外界获得水量的过程称为补给。地下水补给来源有天然与人工补给。天然补给有大气降水、地表水、凝结水等;人工补给有灌溉回归水、水库渗漏水以及专门性的人工补给(利用钻孔)。大气降水是地下水的主要补给来源,其影响因素有气候(气象)、包气带岩性与厚度、地形与植被覆盖等。

2. 地下水的排泄

含水层失去水量的过程称为排泄。地下水的天然排泄方式有泉、向河流泄流、蒸发和蒸腾等,以及一个含水层(含水系统)向另一个含水层(含水系统)的排泄。人工排泄方式包括用井孔抽取地下水,或用渠道、坑道等排除地下水等。

泉是地下水的天然露头,含水层或含水通道出露地表即形成泉。泉可以单个出现,亦可在特定的地质、地貌条件下呈泉群出现,但两者的泉水流量相差悬殊。

3. 地下水的径流

地下水的径流又称地下径流。重力作用下地下水在自然界陆地水循环过程中的流动。一般情况下,地下水处在不断的径流运动之中。它是连接补给与排泄的中间环节,将地下水的水量、盐量从补给区传输到排泄处,从而影响着含水层或含水系统中水质、水量的时空分布。

地下水在补给、径流和排泄过程中,不断地进行着水量的交换和运移(周斌等,2019)。

第七节 工程地质调查

一、岩体工程地质调查

(1)查明地层产状、层序、地质时代、成因类型、岩性岩相特征及其接触关系,突出调查岩体工程地质特征,技术要求应参照《工程地质调查规范(1∶50 000)》(DZ/T 0097—2021)执行。

(2)调查沉积岩内容,包括:岩性岩相变化特征,层理和层面构造特征,结核、化石及沉积韵律,岩层接触关系;碎屑岩成分、结构、胶结类型、胶结程度和胶结物成分;化学岩和生物化学岩成分、结晶特点、溶蚀现象及特殊构造;软弱岩层和泥化夹层的岩性、层位、厚度及空间分布等。

(3)调查岩浆岩内容,包括:矿物成分及其共生组合关系,岩石结构、构造、原生节理特征,岩石风化的程度；侵入体的形态、规模、产状和流面、流线构造特征，侵入体与围岩的接触关系，析离体、捕房体及蚀变带的特征；喷出岩的气孔状、流纹状和枕状构造特点，蚀变带、风化夹层、沉积岩夹层等发育特征，凝灰岩分布及泥化、风化特征等。

（4）调查变质岩内容，包括：成因类型、变质程度、原岩的残留构造和变余结构特点，板理、片理、片麻理的发育特点及其与层理的关系，软弱层和岩脉的分布特点，岩石的风化程度等。

（5）查明岩石的坚硬程度及强度、岩体结构类型及完整程度，划分岩石坚硬程度、岩体完整程度和岩体基本质量等级，等级划分按照《工程岩体分级标准》(GB/T 50218—2014)执行。

（6）查明岩石的风化程度，风化壳厚度、形态和性质，进行风化壳的垂直分带。

二、土体工程地质调查

土体工程地质调查是为查明土体赋存的地质环境、工程地质特征和工程建设的适宜性而进行的地质调查工作。

（1）土体成因与岩性类型及工程地质特性调查，包括土体成因与岩性类型、分布、厚度、成层条件、水平方向与垂直方向上的变化规律、结构特征及类型（有均一结构、双层结构、多层结构三种基本类型）、物理力学性质与水理性质。

（2）特殊性土的类型及工程地质特性调查，主要包括膨胀土、红黏土、软土、冻土、易液化的粉细砂层、人工堆填土等，重点调查其特有的工程地质特性，如膨胀土的膨胀性等。

第八节　植被情况调查

我国的植被研究工作开始于20世纪30年代。植被分类标准以建群植物的外貌（即生活型）为主，同时还要考虑空间层次（即空间层片）和时间层次（即时间层片，主要是指栽培群落），此外还要考虑土壤基质和生境。在植被分区方面，不仅要考虑天然原生植被，同时还要考虑天然次坐植被和栽培植被。在植被与环境条件的联系方面，不仅要考虑大气候环境，同时还要注意基质（即地质和土壤）条件。

根据《环境影响评价技术导则　生态影响》(HJ 19—2011)中相关要求，植被现状调查在收集相关资料的基础上，进行现场踏勘。现场调查以不同的草原植被群落类型为单元，在拟施工范围内布设样方，调查各植物种类、株（丛）数、高度、多度、盖度等群落特征，以及评价范围内重点保护和珍稀野生植物种的种类数量、分布位置。布样原则有具体以下几个方面。

（1）尽量在拟施工点附近设置样点，布样时应充分考虑全线路布点的均匀性。

（2）所选取的样点植物应为该地区常见并广泛分布物种。

（3）采集样品时应避免对同一种植物进行频率较高的重复性采集，重要调查区内应增加植被采样点。

（4）尽量避免非取样误差，保证两人以上同时进行观察记录，消除主观因素。

（5）草本植物样方为 1m×1m，灌丛或灌草丛植物样方为 5m×5m，乔木样方为 20m×20m。

第九节 人类工程经济活动调查

随着经济社会的迅猛发展,人类工程活动无论是在深度上还是在广度上都日益加剧,显示出强大的威力。特别是对自然斜坡的不合理开挖,打破了斜坡地质历史时期形成的平衡状态,造成斜坡变形失稳,已成为触发地质灾害的主要因素之一。

调查区人类工程活动主要包括农林牧业活动、城镇与农村建设、道路工程建设、水利工程建设和矿产资源开发等(《工程地质手册》编委会,2018)。

例如黄土高原地区自古人们就有斩坡挖窑居住的习惯,虽然现在经济条件有所改善,但是受地形条件制约,斩坡平基建宅、箍窑以及修建工程设施现象仍然不可避免。特别是改革开放以来,经济快速发展,城市建设加快,农村人口大量涌入城内。

例如延安市宝塔区为"三山夹两川"的狭窄城区,成为调查区人口最为密集的地方,仅 $16km^2$ 的城区就分布有 13 万常住人口和 5 万外来流动人口,人口密度高达 1 万/km^2 以上。人口的过量增加在客观上加大了对居住用地的需求,使土地资源日趋紧张,人们的居住场所呈现出向冲沟及附近更危险地带扩展的趋势,切坡现象加剧。该区地质灾害类型主要为滑坡和崩塌。滑坡、崩塌灾害在空间上呈现出相对集中和条带状展布的规律,在时间上呈现出在晚更新世末和全新世初期、在人类活动强烈的时期和雨季相对集中的分布规律。地质灾害的时空分布规律是其控制因素、影响因素以及触发因素的综合体现。特殊的黄土高原地质环境条件决定了调查区滑坡、崩塌灾害多发(张茂省,2007)。

思考题

1. 城市地质背景调查主要涉及哪些方面?调查内容对城市地质的研究有何意义?
2. 城市地质背景成果要如何清晰明了地表达?
3. 尝试举例论述城市地质背景调查的主要内容。

第四章　城市地质环境问题调查

第一节　地下水资源衰减与水资源短缺调查

我国是一个干旱缺水严重的国家,水资源现状不容乐观。根据 2020 年度《中国水资源公报》,全国水资源总量为 31 605.2 亿 m^3。我国的水资源在世界上仅次于巴西、俄罗斯和加拿大,居世界第 4 位,但是人均水资源量较低,仅为世界平均水平的 1/4、美国的 1/5,在世界上名列第 121 位,是全球 13 个人均水资源最贫乏的国家之一。扣除难以利用的洪水径流和散布在偏远地区的地下水资源后,我国现实可利用的淡水资源量则更少,全国人均综合用水量为 412m^3,并且水资源分布极不均衡。

到 20 世纪末,全国 600 多座城市中已有 400 多个城市存在供水不足问题,其中比较严重的缺水城市达 110 个,全国城市缺水总量为 60 亿 m^3(曾平和刘琼,2006)。据监测,目前全国多数城市地下水存在一定程度的点状和面状污染,且污染有逐年加重的趋势。日趋严重的水污染不仅降低了水体的使用功能,进一步加剧了水资源短缺的矛盾,给全国正在实施的可持续发展战略带来了严重影响,而且还严重威胁到城市居民的饮水安全和人民群众的健康。

为保障城市地质调查工作中地下水资源衰减与水资源短缺情况调查得准确、详尽,应做到以下几个方面信息的获取。

1. 降水总量

要确定研究区是否受气候与地形影响,降水地区分布是否均匀。收集研究区 2000 年至今的年平均降水量,并折合成降水深度,判断该地区的降水分布特征。

2. 河川径流量

在我国,降水量中约有 56% 通过陆面蒸发返回空中,其余 44% 形成径流。根据 2020 年度《中国河流泥沙公报》,我国 35 个主要河流代表站总径流量为 16 910 亿 m^3,较多年平均年径流量偏大 17%,较 2019 年径流量增大 8%。其中,2020 年长江和珠江代表站径流量分别占代表站年总径流量的 66%、17%。我国 35 个主要河流代表站近 5 年年平均径流量偏大 7%,近 10 年年平均径流量基本持平。2020 年,从国境外流入我国境内的水量为 185.1 亿 m^3,从我国流出国境的水量为 5 744.7 亿 m^3,流入界河的水量为 1 876.9 亿 m^3,全国入海水量为 19 071.0 亿 m^3。因此,要收集研究区具体的河川径流量,并折合成径流深,以此研究工作区的河川径流特征。

3. 地下水资源量

地下水资源量系指与降水、地表水有直接补排关系的地下水总补给量。根据 2020 年度《中国水资源公报》，2020 年全国地下水资源量（TDS≤2g/L）为 8 553.5 亿 m^3，比多年平均值偏多 6.1%。其中，平原区地下水资源量 2 022.4 亿 m^3，山丘区地下水资源量为 6 836.1 亿 m^3，平原区与山丘区之间的重复计算量为 305.0 亿 m^3。全国多年平均地下水资源量约为 8288 亿 m^3，其中有 6762 亿 m^3 分布于山丘区，1874 亿 m^3 分布于平原区，山区与平原区的重复交换量约为 348 亿 m^3。调查研究区地下水资源总量，查明是否水资源短缺，可为该地区可持续性水资源利用奠定基础。

4. 水资源总量

根据 2020 年度《中国水资源公报》，2020 年全国水资源总量为 31 605.2 亿 m^3，比多年平均值偏多 14.0%，其中地表水资源量为 30 407.0 亿 m^3，地下水资源量为 8 553.5 亿 m^3，地下水与地表水资源不重复量为 1 198.2 亿 m^3。2020 年，全国用水总量为 5 812.9 亿 m^3。其中，生活用水为 863.1 亿 m^3，占用水总量的 14.9%；工业用水为 1 030.4 亿 m^3，占用水总量的 17.7%；农业用水为 3 612.4 亿 m^3，占用水总量的 62.1%；人工生态环境补水为 307.0 亿 m^3，占用水总量的 5.3%。地表水源供水量为 4 792.3 亿 m^3，占供水总量的 82.4%；地下水源供水量为 892.5 亿 m^3，占供水总量的 15.4%；其他水源供水量为 128.1 亿 m^3，占供水总量的 2.2%。人类的活动影响着全球水资源的分布特征，通过调查研究区的水资源总量，可查明研究区的降水、地表水补给地下水的部分水量，找到水的消耗方式。

第二节 地下水质量与污染调查

一、地下水质监测

1. 监测目的

查明地下水质现状，为地下水质现状评价和影响预测提供依据。

2. 监测点的布置原则

(1) 应根据建设项目所在地区水文地质条件的复杂程度、地下水的开发利用情况、污染源情况等多种因素，结合评价工作等级综合考虑确定。

(2) 一般对评价等级较高的建设项目应按网格布点与功能布点相结合（控制全区抓重点）的原则布设监测点。

(3) 功能点（或重点）应包括：①危害性较大的污染源；②重污染区；③水源地；④改、扩建项目自身排放的污染源；⑤建设项目厂址地区和可能用于排污的沟壑谷地；⑥旅游名胜古迹敏感区；⑦建设项目厂址或水源地上游清洁对照区。

(4) 监测点的密度：可根据评价等级取 0.2～1 点/km^2，但为确定某一重要污染源的污染范围,监测点可适当加密。对于已有研究程度较高、已有监测资料较多的地区,监测点数也可酌情减少。

(5)监测点的布设形式:根据污染源的类型和污染物的扩散条件,可以选择不同的布设形式,其中点状污染源(如渗坑、渗井)可沿地下水流向布点,以控制污染带长度,同时再垂直于地下水流向布点以控制污染带宽度,线状污染源(如排污沟和已污染的河流)应选择垂直于污染体适当地段布点,面状污染源(如灌区)可采用网格法均匀布点。

(6)监测线的长度:在透水性好的强扩散区或年限已久的老污染源,其污染范围可能较大,因此监测线可适当延长,反之只在污染体附近布点。

(7)监测孔的选择:应选用取水层位与观测含水层一致,并且是常年使用的生产井为监测孔,一般不专门钻凿,只有在没有生产井可供利用的重污染区(或污染源附近)才设置专门的监测孔。

(8)对每一观测井均应详细登记,并在平面图上标明井点所在位置、所属单位、井深、地层结构、开采层位等内容。

3. 监测项目的选择

监测项目选择应符合下列要求:①属于建设项目自身排放的主要污染物;②在现有监测资料中已被检出超标的主要污染物;③选取可划分地下水质类型和反映水质特征的常规监测项目(如 TDS、总硬度、K^+、Na^+、Ca^{2+}、Mg^{2+}、HCO_3^-、SO_4^{2-}、Cl^- 等),但在同一水文地质单元、监测井比较密集的地区,可选取其中有代表性的井点取样分析。

二、污染源调查

1. 调查目的

了解建设项目所在地区可能导致地下水污染的主要污染物,以及主要污染源及其可能的渗漏途径,为地下水质评价提供依据。

2. 调查对象

调查对象包括与建设项目有关的污染源(如改、扩建项目的现有污染源)与分散在评价区内的其他污染源。这些污染源应分为废水污染源和固体废弃物。

(1)废水污染源:如废水排放口、渗坑、渗井、污水处理池、排污区、污湖区,以及已被污染的河流、湖泊、水库等。

(2)固体废弃物:如冶炼废渣、化工废弃物、废化学药品、废溶剂、尾矿粉、煤矸石、废矿石、炉渣、粉煤灰、污泥、废油,以及其他工业、生活垃圾等。

3. 调查方法

(1)对已有污染源调查资料的地区,一般应通过搜集资料解决,避免重复性工作。

(2)对于没有污染源调查资料但污染源较少的地区,或者有调查资料但不全面尚需补充调查的地区,应与环境水文地质调查同步进行。

(3)对没有调查资料、污染源又比较复杂的地区,应设置污染源调查专题进行调查。

(4)对调查区内的工业污染源,应按1984年颁布的《工业污染源调查技术要求及其建档规定》的要求进行调查。对分散在评价区内的非工业污染源,可根据污染源的特点参照上述规定进行调查。

(5)对废水污染源中的排放口要测定其排放量,对排污渠或小型河流要测定其流量,对污水池和污水库要测定其蓄水面积与容量,同时选有代表性的污染源取水分析。

(6)对排污渠和已被污染的小型河流、水库等,除按地面水体监测的有关规定进行水文调查外,尚需选择有代表性的渠(河)段进行渗漏量调查(水库可根据库底天然地层或库底沉积物的组成和厚度近似估算)。

(7)对于污灌区应调查污灌面积、污灌水源、水质、灌溉制度、灌水定额、施用农药、化肥等情况,必要时可补做少量渗水试验,以便初步了解单位面积渗水量。

(8)对于固体废弃物,应测定其堆积面积、高度、堆积量,并了解其底部防渗处理情况,同时选取有代表性的样品进行浸溶实验,测定其可溶有害成分。

第三节 城市突发性地质灾害调查

一、崩塌勘察

1. 崩塌勘察的一般原则

崩塌的勘察主要采用地质调查测绘,遵循以下基本原则。

(1)危岩崩塌勘察范围应包括危岩带和相邻的地段,坡顶应到达卸荷带以外一定位置,坡底应到达危岩崩塌堆积区外一定位置。

(2)危岩崩塌勘察应以地质测绘与调查为主,以槽探、钻探和井探为辅,必要时可采用陆地摄影测量、透视雷达和弹性波检测等方法。

(3)危岩崩塌勘察时对已有崩塌堆积体应进行勘察,勘察工作应以地质测绘与调查为主,当宏观判定稳定性较差时应按滑坡勘察的要求进行。

2. 崩塌勘察的主要方法

(1)崩塌地质测绘与调查:①进行危岩崩塌地质测绘与调查应先搜集已有的区域构造、地震、气象、水文、植被、人为改造活动、崩塌历史及造成的损失程度等资料,了解与危岩崩塌有关的地质环境;②危岩崩塌地质测绘应在完成区域地质环境调查分析工作的基础上,调查危岩所处陡崖(带)岩体结构面性状(产状、性质、延伸长度、深度、宽度、间距、充填物、充水情况)、坡体结构(岩性、结构面或软弱层及其与斜坡临空面的空间组合)、陡崖岩体卸荷带特征、基座特征(软弱地层岩性、风化剥蚀情况、岩腔及洞穴状况、变形情况)、崩塌堆积规模及可能造成的危害;③危岩带的区域地质环境调查比例尺宜为1:1000~1:5000,危岩带地质测绘比例尺宜为1:500~1:1000,危岩体的地质测绘比例尺宜为1:100~1:500。

(2)崩塌勘探:①被覆盖或被填充的裂隙特征、充填物性质及充水情况的勘探可采用钻探、槽探、井探、跨孔声波测试、孔中彩色电视及地表雷达测试等手段;②勘探控制性结构面的钻孔应采用水平或倾斜钻进,钻孔应穿过控制性结构面,深度不应小于可能的卸荷带的最大宽度和结构面的最大间距,水平或倾斜钻孔宜按从崖脚起算危岩(陡崖)高度的 1/2~1/3 布置;③崖顶卸荷带、软弱基座分布范围勘探宜采用槽探和井探;④探槽和探井的总数占勘探点总数的比例不宜小于 1/3;⑤对危岩带勘察时勘探线应尽量通过危岩体重心,勘探线间距宜为 80~100m,对单个危岩进行勘探时勘探线应通过危岩体重心;⑥勘探点应能控制危岩体的主要结构面,揭露同一结构面的勘探点不宜少于 3 个;⑦危岩崩塌勘察试验样品应在母岩及治理工程可能涉及范围内采集,当结构面中充填土时,应采集土样;⑧危岩岩样采集位置主要布置在滑坡可能支挡部位,每种岩性的岩样不应少于 3 组,但抗剪强度试验的岩样不应少于 6 组,每组岩样不应少于 3 件。

二、滑坡勘察

滑坡是自然界中常见的一种地质现象,它是指斜坡上的岩土体,在河流、地下水、地震及人工等因素的影响下,在重力作用下沿坡内某一软弱面或者贯通的剪切坏面,以一定的速度整体地向前向下滑动的现象。

滑坡的形成,必须具备 3 个条件:①有位移的空间,即要具有足够的临空面;②有适宜的岩土体结构,即具有可形成滑动面的剪切破碎面或剪切破碎带;③有驱使滑体发生滑动位移的动力,三者缺一不可。因此,对滑坡进行岩土工程勘察时,其主要任务就是要查明这 3 个方面的条件及三者之间的内在联系,并对滑坡的防治与整治设计提出建议与依据。此外,滑坡的形成受以下几个方面因素的综合影响。

(1)地形地貌:斜坡的高度、坡度、形态及成因影响。

(2)地层岩性:土岩结合面、软硬岩互层、均一的岩土体中有贯通节理裂隙面等往往容易形成滑动面。

(3)地质构造:构造带岩体破碎、构造结构面(节理、断层、层理、岩层面、不整合面等)、构造带地下水活动加强的地方往往容易形成滑动面。

(4)水文地质条件:地下水的补给、埋藏、径流、排泄、水质和水量等。

(5)人为因素和其他作用的影响:破坏植被、大切大挖、爆破等。

三、泥石流勘察

1. 泥石流的定义

泥石流是山区特有的一种自然地质现象,它是由于降水(暴雨、融雪、冰川)而形成的一种裹挟大量泥沙、石块等固体物质的特殊洪流,是一种介于滑坡土石移动和水流搬运之间的过渡类型。由上述定义可知,泥石流具有如下基本性质。

(1)泥石流具有土体的结构性。表征结构性的特征值是起始静切力(即抗剪强度,τ_0),以此区分于水流搬运。水流搬运没有结构性,一般以 $\tau_0=0.05$Pa 为极限值,大于此值的流体为泥石流。

(2)泥石流具有水的流动性。泥石流与沟床之间没有截然的破裂面,只有泥浆润滑面。一般来说,从润滑面向上有一层流速逐渐增加的梯度层,它是区分滑坡和泥石流的重要指标。

(3)泥石流具有发生在山区的性质。泥石流具有较大的流动坡降,这一性质是区分普通、高含沙水流与泥石流。

2. 泥石流的形成条件

泥石流的形成与所在地区的自然条件和人类经济活动密切相关,地形地貌、地质和水文气象条件等是泥石流形成的三大条件。概括起来就是:有陡峻便于集物、集水的适当地形,上游堆积有丰富的松散固体物质,短期内有突然性大量水的来源,这三者缺一不可。

3. 泥石流勘察

泥石流是否会给工程建设带来危害,与建筑场地的选择和总平面图的布置关系极为密切。因此,若不在工程建设的前期工作中解决泥石流问题,必然会使后期工作处于被动,或造成经济损失。所以,泥石流的岩土工程勘察工作应在选址或初勘阶段进行。泥石流的勘察一般遵循以下原则。

(1)泥石流地质测绘与调查应包括泥石流形成区、流通区、堆积区及可能遭受泥石流危害的全部范围。

(2)泥石流勘察应以地质测绘与调查、钻探、槽探、井探为主,必要时应采用物探和洞探,有条件时应进行遥感资料解译。控制性勘察阶段应以地质测绘与调查为主,详细勘察阶段应根据可能布设防治工程的地段,按防治工程需要布置勘探工作量。

(3)泥石流区存在滑坡、危岩或塌岸时,地质测绘与勘探工作除了应符合本章规定外,还应与滑坡、崩塌勘察方法相结合。

第四节　城市缓变型地质灾害调查

城市缓变型地质灾害主要有地面沉降、海水入侵、荒漠化、盐渍化、水土流失等。在开展城市建设规划、选择城市用地发展方向和进行用地功能布局中,城市缓变型地质灾害的综合评判必须根据详实、确切的地质资料,论证地质灾害及隐患的影响范围、程度,确认该地区作为建设用地的适宜性和适用范围,确保用地的安全性,实现建设规划的优化配置,确保高效、合理地实现规划目标。这是保持城市建设长久稳定、可持续发展的必然要求(陈明等,2003)。

一、城市地面沉降调查

1. 城市地面沉降调查目的

地面沉降是指地层在各种因素的作用下,地层压密变形或下沉,从而引起区域性的地面标高下降。据统计,截至2011年12月中国有50余个城市出现地面沉降,长三角地区、华北平原和汾渭盆地已成重灾区。地面升降与经济上升有关,在2012年2月中国首部地面沉降防治规划获得国务院批复,即《2011年—2020年全国地面沉降防治规划》。

2021年1月,一项由联合国教科文组织地面沉降工作组组织的研究警告说,到2040年地面沉降将威胁全球近 1/5 的人口(Gerardo Herrera-Garcia et al.,2021)。

造成地面沉降的因素颇多,总体可概括为自然因素和人为因素两大类。

(1)自然因素:包括新构造运动,以及地震、火山活动引起的地面沉降、海平面上升导致地面的相对下降、土层的天然固结(次固结土在自重压密下的固结)作用。自然因素所形成的地面沉降范围大,速率小。一般情况下,把自然因素引起的地面沉降归于地壳形变或构造运动的范畴,作为一种自然动力现象加以研究。

(2)人为因素:包括抽汲地下气、液体引起的地面沉降(抽取地下水而引起的地面沉降是地面沉降现象中发育最普通、危害最严重的一类)、大面积地面堆载引起的地面沉降、大范围密集建筑群天然地基或桩基持力层大面积整体性沉降。人为因素引起的地面沉降一般范围较小,但速率和幅度比较大。一般情况下,将人为因素引起的地面沉降归于地质灾害现象进行研究和防治。

城市地面沉降调查目的是:了解地面沉降灾害区的地质背景(地层岩性、地质构造、水文地质、工程地质特征等);查明或基本查明地面沉降灾害的分布范围、分布规律、危害程度;分析地面沉降灾害的影响因素(自然因素、人为因素)、形成条件及其成因机理。工作方法是以收集资料为主,配合实地调查。实地调查人员以专业队伍为主,地方乡镇政府配合,详细记录,确保资料翔实。

2. 城市地面沉降环境地质条件调查

依据地面沉降的形成机制,地面沉降可划分构造沉降、抽水沉降和采空沉降 3 种类型。

(1)构造沉降:由地壳沉降运动引起的地面下沉现象。

(2)抽水沉降:由过量抽汲地下水(或油、气)引起水位(或油、气压)下降,在欠固结或半固结土层分布区,土层固结压密而造成的大面积地面下沉现象。

(3)采空沉降:地下大面积采空引起顶板岩土体下沉而造成的地面洼地现象(张昭等,2016)。

3. 地面沉降历史现状调查

(1)地面沉降的分布范围、沉降速率、累计沉降量、地面沉降历史及发展趋势。

(2)地面沉降与地下水开采(水位、水量)的关系调查。

(3)开采地热、开发油气等对地面沉降的影响调查。

(4)软土等特殊性土对地面沉降的影响调查。

(5)区域构造活动对地面沉降的影响调查。

4. 地面沉降现象及灾害调查

地面沉降现象调查:对发生过如井口抬升、桥洞净空减少、房屋开裂、雨后积水等地面沉降现象较集中的区域和社会经济高度密集的区域展开重点调查。

风暴潮调查:在发生过风暴潮的地区开展风暴潮调查,调查风暴潮的频率、潮位和经济损失。

河堤、桥梁等的变化调查:调查地面沉降造成的危害,如地面高程资源损失、测量基准点失效、对市政设施的危害、对线形工程的影响、风暴潮灾害强度以及地面沉降地质灾害经济损失。

二、矿业城市采空区地面塌陷调查

矿业城市因大面积采矿,地下大面积被采空,导致顶部岩层失去支撑,在自重作用下发生弯曲、张裂及冒落,并在地表造成塌陷坑或塌陷洼地。

在城市区域环境地质调查中对采空塌陷的调查主要内容如下。

(1)采空区基本情况调查,包括采掘类型(矿坑、隧道等)、空区或硐室规模、埋藏深度,支护与填充情况,形成时间,工程掘进过程中的冒顶等坑(硐)内变形情况,揭露的地层岩性与地质构造。重点是空区或硐室顶板地层的岩性、岩体结构、厚度、风化与节理裂隙发育情况,采掘方式与施工工艺、采掘强度和顶板管理情况等。

(2)采空塌陷区环境地质条件调查,包括微地貌、地层岩性与产状、地质构造、岩土体性质与结构特征和地下水的赋存状态。

(3)采空塌陷特征调查,包括分布、规模、形态、发生时间,以及与采掘时间、采掘方式、开采强度和空区(或硐室)范围及冒顶等坑(硐)内变形的对应关系,与采空塌陷伴生的地面沉陷、地面倾斜、地面开裂、斜坡滑移、山体崩塌等问题。

(4)采空塌陷的危害调查、趋势调查和防治现状及效果调查。

三、城市岩溶塌陷调查

岩溶是指可溶性岩石在水(特别是具有侵蚀性、腐蚀性的地下水)的溶蚀作用下,产生的各种地质作用、形态和现象的总称。可溶性岩石包括碳酸盐类岩石、石膏、岩盐、芒硝等,在我国广泛分布的可溶性岩石主要是碳酸盐类岩石。

在自然界,要保证岩溶的继续进行,必须具备两个条件:其一为具有可溶性的岩层;其二则为具有一定的地下水循环交替条件,即地表水有补给下渗,地下水有流动的途径和排泄的条件。

我国城市地质调查中的岩溶地质调查及评价方法处于探索阶段。城市岩溶塌陷调查主要采用充分利用前人资料、补充调查、重点解剖的工作思路,地质、物探及钻探、模糊层次分析评价相结合的工作方法。

1. 前人资料利用

各类地质调查(基础地质、水文地质、环境地质)及物探成果资料是开展岩溶地质调查工作的基础。因此,需要系统收集调查区(灰岩区)及周边地层时代与岩性界线、断裂构造线、岩溶泉水分布、溶洞分布、岩溶塌陷、抽水井孔等地质体的详细资料,编制岩溶地质草图,充分反映灰岩分布范围、岩溶发育程度及研究程度,分析存在的主要问题,确定补充调查内容、范围和研究深度等。

2. 裸露区岩溶地质调查

裸露区岩溶地质调查为主采用实测与修测相结合的方法。根据《岩溶地区工程地质调查规程(比例尺 1∶10 万~1∶20 万)》(DZ/T 0060—93)对已完成 1∶5 万区域地质调查的区域,地层、岩石、构造等地质背景资料可利用程度较高,利用分析利用与局部修测相结合的形式;针对灰岩地层、构造等主要地质界线控制程度不够和地层产状变化地段,以穿越法和追索法有效地补充控制地质(点)路线,修编1:10万~1:20万岩溶地质草图。在构造复杂的重要区段,进行构造剖面与观测点详细研究,着重查明各类构造要素几何特征和变形构造力学性质、破裂构造结构特征、喀斯特地貌特征、喀斯特地貌与构造(褶皱、断裂、节理、劈理、裂隙、层理)的关系。

根据以往调查资料,选择地表、地下岩溶发育的区段,按不同碳酸盐岩类与岩溶发育特征,对典型的喀斯特地貌、古溶洞进行形态特征、成因研究。

基本查明岩溶地质背景条件、主要岩溶带空间分布、喀斯特地貌类型及特征,在此基础上编制岩溶裸露区实际材料图和岩溶地质图。并以此为依托,初步分析、判断相邻覆盖岩溶区的构造格架与碳酸盐岩地层的空间展布格局。

3. 覆盖区岩溶地质调查

对覆盖型岩溶的调查,根据岩溶发育强度、前人工作程度、城市功能区划指数,分为一般调查区与重点调查区。对岩溶发育程度较弱的一般调查区,通过可利用资料的相关分析,进行岩溶塌陷稳定性的分析与定性评价。对重点调查区,要在收集利用各类地质资料及物探资料的基础上,采用工程物探勘察及钻探验证的调查与评价方法(李苍松,2006;雷明堂和项式均,1997)。

第五节 海岸带城市特有的环境地质问题调查

我国沿海和海域地区的地质环境复杂多变。近年来,随着沿海经济的迅速发展和海洋资源的大规模开发,地质环境遭到日益严重的破坏。在自然条件和人类活动的综合作用下,各类地质灾害频繁发生。因此,当前情况下保护沿海地区的地质环境、防治地质灾害,就显得十分重要。我国沿海地区地质环境的基本特征与存在的主要环境地质问题如下。

1. 平原海岸淤泥质软土发育

滨海平原海相淤泥质软土普遍分布,属软弱地基。对沿海城市建筑、工业基地、码头海港、铁路公路路基以及机场等各类建筑物不利,是在选线选址阶段就必须查明的主要地质问题。许多滨海城市,如上海、天津等,由于过量开采地下水,软土层释水被压缩而发生地面沉降,这对国民经济和人民生活造成严重危害。

2. 岩石风化壳发育

隆起带基岩海岸以花岗岩、火山岩、变质岩等分布最广,风化作用强烈(包括北方地区),风化带的厚度可达10~50m。风化作用不仅对建筑基础不利,而且也是造成山坡塌方、水土流失等地质灾害的主要原因。部分地段分布碳酸盐岩,岩溶作用强烈,但喀斯特水资源丰富,是大连、秦皇岛、广州等城市重要供水水源之一。不少地区由于过量开采地下水,造成岩溶塌陷,影响地面建筑物。矿区由于坑道排水,造成地面塌陷更为严重。

3. 海岸侵蚀与河口淤积加剧

我国沿海海岸极不稳定:一方面上升海岸由于海浪、海潮的强烈冲刷,出现明显的蚀退现象,造成岸坡崩塌式滑动,使海岸建筑以及土地资源或旅游资源等遭受破坏,并威胁港口码头的安全;另一方面黄河、长江、珠江等大河河口及邻近地区,海岸不断淤长,如黄河三角洲每年以 2～3km 的速度向前伸展。同时,在自然因素与人为作用双重影响下,一些港口和航道淤塞严重,影响海港与航道的正常运行。海岸侵蚀或河口淤积都一定程度地受地壳升降运动强弱的控制与影响。

4. 沿海城市三废污染严重

由于沿海地区人口密集,工业发达,"三废"(废水、废气、废渣)污染十分突出。而且广大农村由于乡镇企业的发展以及施用农药化肥和实行污灌等原因,污染情况也极严重。城市生活污水及工业废水的不合理排放,以及对生活垃圾和工业废渣缺乏科学管理,造成地表水、地下水的污染。这不仅危及人体健康,还影响河流、湖泊及海洋,导致大量水生生物死亡,同时也破坏了淡水资源,使城市供水水源更趋紧张。同样,大气污染不仅影响人体健康,而且产生全球性的"温室效应",影响全球气候的变化。

5. 地下水咸淡交错,水质复杂

沿海平原由于第四纪以来受多次海侵的影响,大部分地区有咸水层分布。北方地区浅部以咸水层为主,有些地方淡水层埋藏很深;南方常见咸淡水层交错分布,或淡水层中夹残留咸水透镜体(如宁波)。许多滨海城市如大连、秦皇岛、莱州、宁波、北海等,由于大量开采地下水,地下水水位降低到海平面以下,造成海水入侵或咸水入侵,如河北黄骅等地区分布高氟地下水。有些沿海地区,可能由于地下水含腐殖酸较高,导致癌症发病率明显高于一般地区。例如江苏、上海、浙江、福建、广东等沿海地区为肝癌的高发地区,死亡率高于内地。

6. 活动断裂与地震

东部沿海位处环太平洋地震带,活动断裂发育,许多滨海城市存在地震活动,影响区域地壳稳定性。例如海城、唐山、天津等地在 20 世纪 70 年代均发生过 7 级左右的破坏性强震。南方福州附近及广州、深圳一带,地震烈度达Ⅶ～Ⅷ度。渤海、黄海、东海海域也曾多次发生 6 级以上地震。现沿海地区的地震活动是这些地区重大地质灾害问题之一。

第六节　城市垃圾填埋场调查

城市垃圾场现状及其地质环境背景调查主要是查明工作区垃圾处理场的数量、位置、处理方式、垃圾填埋深度及采取的防护措施等,以及各垃圾场所处地形地貌等地质环境条件。主要利用遥感解译和现场调查方法。

一、城市垃圾填埋场污染的遥感解译调查

采用遥感技术可以快速、准确地查清固体废弃物堆放和填埋场的分布情况及占地面积。航空影像特别是大比例尺摄影图像具有很高的空间分辨率,特别适合于调查污染源的分布位置、规模及分析污染源周围的扩散条件等。

在地面堆放的城市工业及生活固体废物,其表面的反射和发射电磁波的特性不同。利用野外波谱测量仪,可实地测量各种固体废弃物堆及其他易混淆地物的波谱反射率。与遥感数据对比后,结合野外踏勘,总结各类地物的色调、纹理、形状等解译标志,可对固体废弃物堆依据废物的性质差异进行分类(如工业垃圾、建筑垃圾、生活垃圾等)解译,对地表堆积物类型、分布、组成等进行分析,遥感解译工作方法参照《区域环境地质勘查遥感技术规程比例尺 1∶50 000》(DZ/T 0190—1997)及《区域地质调查中遥感技术规定(1∶50 000)》(DZ/T 0151—2015)(吴冲龙等,2016)。

以 2019 年度湖北黄石市城市地质调查工作为例,工业及生活固体废弃物堆放场地解译以 1∶1 万正射航空影像图为主要遥感信息源,辅以"ETM+数据"进行少量目标地物识别。使用的 1∶1 万正射航空影像图地面分辨率为 30cm×30cm。

二、城市垃圾填埋场污染的地球物理调查

当垃圾填埋场的渗漏液向地下渗漏后,需要了解其渗漏的准确方位和渗漏规模,以便有针对性地采取治理措施。通过现代先进的地球物理仪器设备,就可以检测渗漏液渗漏后地下介质发生的物理变化,从而进一步分析判断其渗漏范围和污染程度。根据《城市环境地质调查评价规范》(DD 2008—03),若采用地球物理方法来探测,再配合适当的地球化学分析,便可准确地检测出渗漏状况。这种方法之所以快速,是因为它不需要大量采样和打钻,只需要在地面上观测其目标物周围物理场的变化,就可以推测出由污染造成的异常。

思考题

1. 地下水资源衰减及水资源短缺调查的主要内容是什么?
2. 地下水质量与地下水污染的区别是什么?调查内容是什么?如何调查?
3. 突发型地质灾害主要包括什么?应该调查的内容分别是什么?调查的步骤是什么?
4. 缓变型地质灾害主要包括什么?应该调查的内容分别是什么?调查的步骤是什么?
5. 尝试论述我国不同类型城市存在的城市地质问题。

第五章　城市地质资源调查

　　城市发展需要资源,与城市发展有关的地质资源不仅包括一般所知的矿产资源(含地下水资源)、土地资源、地质遗迹资源,随着时代的发展和认知的深化,还包括地质体资源、地下空间资源。以往与现在的主体城市均是建立在地质体之上的,但是城市发展中的空间利用呈现强劲地向地下发展的趋势,未来城市的极大部分很可能是建立在地质体之中。一个地质体或某一局部区域地质体一旦被使用,地质体内部的容量就会被制约,也即地下空间的利用需要科学规划。

第一节　城市地下水资源调查与评价

　　地下水资源在我国水资源中占有举足轻重的地位,由于其分布广、水质好、不易被污染、调蓄能力强、供水保证程度高,越来越广泛地被开发利用。尤其在中国北方干旱半干旱地区的许多地区和城市,地下水成为重要的甚至唯一的水源。目前,我国地下水开发利用以孔隙水、喀斯特水、裂隙水3类为主,其中以孔隙水分布最广、资源量最大、开发利用得最多,喀斯特水在分布、数量开方面均居其次,而裂隙水则最小。

　　受我国水资源及人口分布、经济发达程度、开采条件等诸多因素的影响,我国城市特别是北方城市地下水资源的供需矛盾尤为突出。在区域上,我国城市特别是北方城市地下水资源的供需矛盾尤为突出。

　　目前,全国有近400个城市开采地下水作为城市供水水源,其中以地下水水源地作为主要供水水源的城市超过60个。同时,随着工业化进程的推进,城市地下水资源遭受污染的情况日益增多。

　　在尽量减少城市水安全事件发生的同时,应随时做好充分的应急准备,居安思危,未雨绸缪。事先开展应急和战略储备水源规划和建设工作,构建"平战结合"的危机管理体系和机制,以便能在出现城市水安全事件时及时处理,控制事件的进一步恶化、减少损失。

　　城市地下水资源潜力调查,包含概略查明地下水资源潜力,开展应急水资源地的调查,为地下水资源开发与保护提供基础资料。依据《地下水质量标准》(GB/T 14848—2017),结合水文地球化学特征,选择指标评价城市地下水水质则是城市地下水资源评价的另外一个重要方面。

一、地下水资源调查

(一)地下水资源量调查

一般所说的地下水资源评价都是在水质符合要求的前提下,着重对水量进行评价。地下水资源量包括地下水资源数量、地下水补给资源量、地下水开采资源量,其中主要评价地下水可开采资源量。按照地下水系统建立地下水数学模型,进行地下水均衡计算,在勘察程度较高的地区可建立数值模拟模型。

1. 储存量计算

储存量是指在地下水补给与排泄的循环过程中,某一时间段内在含水介质中聚积并储存的重力水体积(曹剑锋等,2006)。

(1)潜水含水层的储存量,也称为容积储存量,可用下式计算:

$$W = \mu \cdot V \tag{5-1}$$

式中,W 为地下水的储存量(m^3);μ 为含水层的给水度(小数或百分数);V 为潜水含水层的体积(m^3)。

(2)承压含水层除了容积储存量外,还有弹性储存量,可按下式计算:

$$W = \mu^* \cdot F \cdot h \tag{5-2}$$

式中,W 为承压水的弹性储存量(m^3);μ^* 为储水(或释水)系数(弹性给水度)(无量纲);F 为承压含水层的面积(m^2);h 为承压含水层自顶板算起的压力水头高度(m)。

由于地下水水位常常随时间变化,因而地下水储存量也随时而异。这是由地下水的补给与排泄不均衡而引起的。地下水的储存量在地下水的运动交替和地下水开采过程中起着调节作用。在天然条件下,地下水的储存量呈周期性的变化,主要有年周期,还有不同长短的多年周期。一般应当计算一年内的最大储存量和最小储存量。

2. 地下水补给量的计算

地下水的补给量是指天然状态或开采条件下,单位时间从各种途径进入该单元含水层(带)的水量(常用单位为 m^3/a)。

地下水的补给主要来自以下几个方面:①降水入渗的补给增量;②地表水的补给增量;③相邻含水层越流的补给增量;④相邻地段含水层增加的侧向流入补给量;⑤各种人工增加的补给量,包括开采地下水后各种人工用水的回渗量增加而多获得的补给量。补给增量的大小不仅与水源地所处的自然环境有关,同时还与采水构筑物的种类、结构和布局,即与开采方案和开采强度有关。当自然条件有利、开采方案合理、开采强度较大时,地下水获取的补给增量可以远远超过天然补给量。

计算补给量时应以天然补给量为主,同时考虑合理的补给增量。地下水的补给量是使地下水运动、排泄、水交替的主导因素,它维持着水源地的连续长期开采。允许开采量主要取决于补给量。因此,计算补给量是地下水资源评价的核心内容。补给量可通过"动态与均衡"的方法进行计算。

3. 允许开采量(或可开采量)

允许开采量(或可开采量)是指通过技术经济合理的取水构筑物,在整个开采期内出水量不会减少、动水位不超过设计要求、水质和水温变化在允许范围内、不影响已建水源地正常开采、不发生危害性环境地质现象等前提下,单位时间内从该水文地质单元或取水地段开采含水层中可以取得的水量(常用的流量单位为 m^3/d 或 m^3/a)。

简言之,地下水允许开采量(或可开采量)是指在可预见的时期内,通过经济合理、技术可行的措施,在不引起生态环境恶化条件下允许从含水层中获取的最大水量。

(二)地下水资源量评价方法

地下水资源评价方法分类表见表 5-1 所示(廖资生等,1990)。地下水开采资源量计算方法可分重点地段与一般地段。

表 5-1 地下水资源方法分类表(廖资生等,1990)

评价方法分类	主要方法名称	所需资料数据	适用条件
以渗流理论为基础的方法	解析法	渗流运动参数和给定边界条件、起始条件(一个水文年以上的水位)、水量动态观测或一段时间抽水流场资料	含水层均质程度较高、边界条件简单,可概化为已有计算公式要求模式
	数值法(有限元、有限差、边界元等)、电模拟法		含水层非均质,但内部结构清楚、边界条件复杂,能查清。对评价精度要求较高、面积较大
以观测资料统计理论为基础的方法	泉水流量衰减法	泉动态和抽水资料	泉域水资源评价
	水力消减法	需抽水试验或开采过程中的动态观测资料	岸边取水
	系统理论法(黑箱法)、相关外推法 Q-S 曲线外推法、开采抽水试验法		不受含水层结构及复杂边界条件的限制,适于旧水源地或泉水扩大开采评价
以水均衡理论为基础的方法	水均衡法、单项补给量计算法、综合补给量计算法、地下径流模数法	需测定均衡区内各项水量均衡要素	最好为封闭的单一隔水边界,补给项或消耗项单一。水均衡要素易于测定
以相似比理论为基础的方法	开采模数法、直接比拟法(水量比拟法)、间接比拟法(水文地质多数比拟法)	需类似水源地的勘探或开采统计资料	已有水源地和勘探水源地地质条件和水资源形成条件相似

重点地段可结合开采方案采用地下水数值模型(数值法)计算开采资源量。数值法是随着电子计算机的出现而发展起来的,应用十分广泛。从理论上看,尽管它是对渗流偏微分方程的一种近似解,但在实际应用中完全可以满足精度要求。它可以解决许多复杂条件下的地下水

资源评价问题,应用广泛,是一种较好的方法。

一般地区可采用补给量减去不可夺取的消耗量作为开采资源量;进行了长期地下水动态观测且资料丰富的地区可根据开采量-水位降深曲线关系,确定不同水位降深下的地下水开采资源量,或采用地下水水位变幅稳定时段的开采量作为开采资源量,也可采用开采模数比拟法计算开采资源量;山间盆地可采用试验开采法或断面流量计算开采资源量等;深层承压地下水可采储量一般包括侧向补给量、弹性释放量、弱含水层压缩释放量、越流补给量。工作程度高的地区,可用地下水水流数值模型计算。一般地区可根据非稳定流抽水试验资料和地下水长期动态观测资料,参考工作程度高的地区,采用比拟法计算。

(三)地下水潜力评价

在地下水资源评价的基础上进行地下水潜力评价,可采用地下水开采潜力系数法评价(程光华等,2013),公式如下:

$$a = Q_{开资}/Q_{开采} \tag{5-3}$$

式中,a 为地下水潜力系数;$Q_{开资}$ 为开采层的开采资源量(m³/a);$Q_{开采}$ 为开采层的开采量(m³/a)。

地下水潜力系数大于1时,可以在节水、环境治理等的基础上,根据国民经济规划,适当加大地下水的开发利用强度;地下水潜力系数近似等于1时,表示地下水的开发利用已处于临界值,不能进一步加大地下水的开发利用强度;地下水潜力系数小于1时,地下水的开发利用应控制与压缩。

地下水潜力系数分级:$a<1$,为无地下水潜力区;$1\leqslant a<1.2$,为地下水潜力一般区;$1.2\leqslant a<1.4$,为地下水潜力较大区;$a\geqslant 1.4$,为地下水潜力大区。

(四)地下水开采引起的环境问题评价

以地下水超采区为重点,着重对地下水降落漏斗区、地面沉降、塌陷区和咸潮入侵区进行调查。

二、应急水源地调查

1. 应急水源地

应急水源地是指在连续干旱年份、污染事故突发、现有供水水源地出现问题的情况下,为解决城镇生产及生活用水的燃眉之急,而采取的一种非常规的、有一定开采周期的临时供水水源地。

突发应急供水水源地是为适应突发性应急供水需要的水源地,它是指当应急供水事件触发后,在一定的人为干预模式下,可以在较短时间内提供相当资源量水的水源地。后备水源地是指在常规供水的水平衡下,缺水程度超过一定的阈值,原来的平衡已不能适应发展需要,需建立新的平衡以维持水需求而建设的水源地(表5-2)。

表 5-2　应急/后备水源地特征（戴长雷等，2008）

水源地类型		应急水源地	后备水源地
特征	用水需求	临时满足用水	长期满足用水
	水量要求	短期大量供水	长期持续供水
	水质要求	要求较低，处理后基本可用	达到一般水源地水质要求
	取水强度	短时间内能够维持城市基本需求水量	根据城市需要合理确定
	时间要求	及时、快速供水	满足可持续供水时间
	安全性	较高安全性，抗干扰能力强	可正常运行
	环境影响	忽略环境影响	尽量减少环境影响
	经济可行性	不许考虑经济影响	需考虑生态、社会多方面效益
	供水方式	采用快速便捷、集中分散并行的供水方式	采用长期有效、经济合理的供水方式

根据应急/后备水源地的类型不同,采用不同的规划、开采方案,必要时可以超采来满足应急需求(戴长雷等,2008)。在实际勘察选址过程中,要根据不同城市目前的缺水状况、水源地开发利用情况、地表水丰富程度、地下水供水条件等多个方面进行综合分析研究选址。在选取时要综合自然条件及社会、经济条件,实行人为干预及综合协调,主要考虑以下几个条件。

(1)水量丰富。应急需求按 100L/(人·d)计算,解决附近 5 万居民的应急供水,需要水源地基本保证日开采量达到 5000m³。

(2)易于开采,取水、用水快捷方便。从"经济合理、技术可行"的角度,尽量考虑水源地与现有自来水输水系统相适应,以达到工程综合利用之目的。

(3)水质良好。水质能够达到或经简单处理后能够达到《生活饮用水卫生标准》(GB 5749—2006)。

(4)目前基本无开采或不作为供水源。应急/后备水源地所在水文地质单元范围内基本上无集中地下水开采工程,在未来开采过程中不会发生相互干扰。

(5)应急供水与持续供水应相互结合供应,以求供水利益最大化。

(6)可以考虑地表水源、地下水源、水利工程水源三者结合、联合调度,以满足多方面的需求。一般选取水质良好、储量丰富的地下水源,并按照"枯采丰补"和"急开平补"的原则,利用水资源调蓄增强供水能力。

(7)原则上,应急地下水源地应避开城镇及建筑物密集区,防止由于地下水开采引发地面沉降、岩溶塌陷、海水入侵等环境地质问题。水利工程应密切监测,注意防止水质的变化及地质环境的破坏。

通常应急/后备水源都会选择地下水,因为与地表水相比,地下水水量稳定、水质较好、不易污染。同时,地下水取水设施不易遭受地震或战争等突发性灾害摧毁,并能保证一定时期内连续稳定供水。因此,在一般情况下,无论是突发应急水源地还是后备水源地,都优选地下水源地。在具体选址中要优先考虑以下几点。

(1)优先挖潜原则:优先选择有开采潜力的区段,可短期突破均衡开采概念,可以动用储存资源(一定时期有序超采)。

(2)最小损失原则:如果动用储存资源应力求产生的生态环境、地质环境问题最少,损失最小。

(3)可持续利用原则:要有长期可持续供水方案。

2. 应急水源地的内容和调查方法

应急水源地的调查主要从水质评价、水量评级以及开采方案规划评价3个方面入手,具体评价内容如下。

(1)初步查明应急/后备地下水源地所处水文地质单元的地形地貌、地质条件、水文地质条件、地下水资源潜力。

(2)查明应急/后备地下水源地范围内现有开采井类型、深度、井结构、开采层位、开采量、水位及其动态变化。

(3)查明应急/后备地下水源地范围内泉的出露条件、流量、水质、水温、气体成分、动态及利用情况。

(4)基本查明应急/后备地下水源地范围,含水层水文地质特征,地下水补给、径流、排泄条件,地下水水质及动态特征,开采技术条件。

在充分了解研究区水文地质及地球物理特征的基础上,利用高密度电阻率法和水文测井的原理进行调查,解释推断研究区含水层的结构特征,建立水文地质参数测井解释模型,对含水层的TDS、渗透系数及单位涌水量等参数进行估算。例如综合物探方法在山东潍坊应急水源地东小营富水区调查中的应用(马健,2020)结果表明,综合物探解释成果与抽水试验及水质分析结果吻合度较高,在水文地质特征分析中具有较好的适用性,可为应急水源地调查评价提供技术支撑。

除上述方法外,自然电场法等电法方法在判断应急水源地泉水出露条件、地下水补给等方面也有较好的应用效果。

3. 应急水源地水资源评价方法

地下水资源可利用量是动态的,随气候和水文地质条件的变化而变化,与整个水资源的开发利用布局、方式、技术与管理密切相关。因此,脱离开采方案评价的开采量易产生误导。

关于应急水源地指标体系评价方法,国内外建立的评价方法有数百种之多,大多数尚处于理论研究阶段,而且较多地用在某一方面的专项评价中。最主要和常用的方法有专家评价法、层次分析法、综合指数法、因子分析法、模糊综合评判法、熵值法等。

根据各评价方法所依据的理论基础,可将其大致分为四大类:①专家评价法,如专家评分法、优序法、综合评分法等;②运筹学评价方法,如多目标决策方法、DEA分析法、专家最优综合评价模型等;③其他数学评价方法,如层次分析法(AHP)、模糊综合评价法(FCE)、可能满意度模型、数理统计方法、灰色关联分析法等;④混合评价方法,这是几种方法混合使用的情况,如主分量-层次分析法(PC-AHP),主成分加权线性分析方法、FHW方法、模糊聚类分析方法等。

随着计算机科学的发展,很多高新技术都被逐渐地被运用到水资源评价中。在应急地下水源地水资源评价上,高新技术应用主要体现在硬件设备和先进技术软件两个方面。

(1)信息技术在水资源研究中的应用:地下水问题具有明显的时空维度,因此通过GIS技术可以用来获取、操作、显示与地下水模型有关的空间数据和表达分析成果,从而更加深入认识地下水在含水层中的赋存、运动情况(魏加华等,2003)。而将InSAR(合成孔径雷达差分干涉测量)、激光等先进遥感技术与GIS(地理信息系统)、GPS(全球定位系统)等技术相结合,为地下水源地的安全运行提供了良好的监测与评价手段。同时,利用RS动态监测信息和GIS空间数据管理功能,实现了地下水数值模型与GIS、RS的集成,这也是当前地下水研究中的重点之一(何庆成,2000)。

(2)地下水数值模拟软件:用数值模拟方案评价地下水资源,实际上是开采方案模拟或可开采量评价的宏观与微观结合。此外,利用数值模型方法进行地下水研究具有有效性、灵活性和相对廉价性的特点(杨春玲等,2007)。目前,国际上较为成熟的地下水数值模拟软件主要有MODFLOW、FEFLOW、GMS、FEMWATER、FEMFAT和SUTRA等。

三、地下水水质调查与评价

《地下水质量标准》(GB/T 14848—2017)中规定,根据我国地下水质量状况和人体健康风险,参照生活饮用水、工业、农业等用水质量要求,依据各组分含量高低(pH除外),可将地下水分为5类。

Ⅰ类:地下水化学组分含量低,适用于各种用途。

Ⅱ类:地下水化学组分含量较低,适用于各种用途。

Ⅲ类:地下水化学组分含量中等,以《生活饮用水卫生标准》(GB 5749—2006)为依据,主要适用于集中式生活饮用水水源及工农业用水。

Ⅳ类:地下水化学组分含量较高,以农业和工业用水质量要求以及一定水平的人体健康风险为依据,适用于农业和部分工业用水,适当处理后可作生活饮用水。

Ⅴ类:地下水化学组分含量高,不宜作为生活饮用水水源,其他用水可根据使用目的选用。

地下水质量评价是以地下水水质调查分析资料或水质监测资料为基础,可分为单项组分评价和综合评价两种。

地下水质量单项组分评价是按本标准所列分类指标,将地下水质量单项组分划分为5类,其代号与地下水类别代号相同,不同类别标准值相同时,从优不从劣。例如挥发性酚类Ⅰ、Ⅱ类标准值均为 0.001mg/L,若水质分析结果为 0.001mg/L 时,应定为Ⅰ类,而不定为Ⅱ类。

地下水质量综合评价采用加附注的评分法,具体要求与步骤如下。

(1)参加评分的项目,应不少于本标准规定的监测项目,但不包括细菌学指标。

(2)首先进行各单项组分评价,划分组分所属质量类别。

(3)对各类别按下列规定(表5-3)分别确定单项组分评价 F_i 值。

表5-3 各类的单组评分制

类别	Ⅰ类	Ⅱ类	Ⅲ类	Ⅳ类	Ⅴ类
F_i	0	1	3	6	10

(4)根据 F_i 值,按以下规定(表5-4)划分地下水质量级别,再将细菌学指标评价类别注在级别定名之后,如"优良(Ⅱ类)""较好(Ⅲ类)"。

表 5-4　地下水质量级别

级别	优良	良好	较好	较差	极差
F_i	≤0.80	0.80<F_i≤2.50	2.50<F_i≤4.25	4.25<F_i≤7.20	>7.20

使用两次以上的水质分析资料进行评价时,可分别进行地下水质量评价,也可根据具体情况,使用全年平均值和多年平均值或分别使用多年的枯水期、丰水期平均值进行地下水质量评价。在进行地下水质量评价时,除采用本方法外,也可采用其他评价方法进行对比。

第二节　地质遗迹调查

地质遗迹调查是指在地球演化的漫长地质历史时期,由于各种内、外动力地质作用,形成、发展并遗留下来的珍贵的、不可再生的地质自然遗产,主要包括具有重要科研价值的地质剖面,构造形迹,古人类遗址,古生物化石产地,具有重大观赏和科研价值的地质地貌景观,特殊价值的矿物、岩石及其典型产地,泉类以及地质灾害遗迹等。

一、地质遗迹调查

地质遗迹调查在收集以往各类成果及二次资料开发利用的基础上,综合运用遥感解译、野外调查等方法进行,地质遗迹分类见表5-5(齐岩辛等,2004)。

1. 收集资料

全面系统收集城市基础地质、矿产地质、水文地质、环境地质、地形地貌、旅游、古生物、考古、遥感等方面的资料,并进行综合分析研究,为地质遗迹资源调查评价及保护区划提供基础信息。

2. 野外调查

运用遥感解译方法,结合基础地质资料和收集到的地质遗迹资料信息,对区域内比较特殊的影像区块,如线性构造、岩石地貌、溶蚀或塌陷地貌、夷平面等进行筛选,确定可能存在地质遗迹的区域以备野外调查。

地质遗迹野外调查在遥感解译基础上开展,可根据如下标志寻找。

(1)通过查阅前人的各种资料,收集、记录符合地质遗迹标准的特别地质体的地理位置、属性及特征表象。

(2)根据收集、记录的地理位置到野外实地观察特征表象,从而确定是否为地质遗迹及其级别和类型。

(3)直接考察名胜古迹及风景区的地质遗迹,寻找、发现符合标准的地质遗迹,并确定级别和类型。

表 5-5 地质遗迹资源分类表

大类	类型及代码	实例
地层类 (S)	岩石地层剖面(Sl)	浙江江山大陈乡荷塘组正层型
	年代地层剖面(Sc)	浙江常山达瑞威尔阶全球界线层型
	生物地层剖面(Sb)	云南澄江动物群剖面
	层序地层剖面(Ss)	湖南桃源九溪(台地边缘)剖面
	事件地层剖面(Se)	华南二叠纪—三叠纪地质事件
构造类 (T)	全球性构造、板块构造或地质体的关键位置(Tg)	台湾太鲁阁峡(板块构造点)
	构造类具有典型意义的区域构造(Tr)	中国郯庐断裂表现点
	典型的中小型构造(Tm)	浙江常山砚瓦山-箸溪变形带
	典型意义的火山构造(Tv)	浙江芙蓉山破火山
岩石类 (R)	典型(特殊)意义的侵入岩(Ri)	浙江舟山桃花岛花岗岩
	典型(特殊)意义的火山岩(Rv)	浙江雁荡球泡流纹岩
	典型(特殊)意义的沉积岩(Rs)	北京西山丁家滩含微晶丘碳酸盐岩
	典型(特殊)意义的变质岩(Rm)	甘肃北山清水沟蓝闪石片岩
	具有工艺或观赏价值的岩石(Ra)	浙江常山花石(瘤状灰岩)
矿物类 (M)	具有重要经济价值的宝石类矿物产地(Mj)	浙江昌化鸡血石
	具有重要工艺或观赏价值的矿物产地(Ma)	贵州的辰砂晶洞
	种类、成因或特点罕见的其他矿物产地(Mi)	山东金刚石
矿产类 (C)	典型的金属矿产产地(Cm)	江西德兴铜矿
	典型的非金属矿产产地(Cn)	浙江武义萤石矿
	古采矿遗址(Cs)	浙江温岭长屿硐天
古生物类 (P)	史前人类遗迹(Ph)	浙江杭州跨湖桥遗址
	古生物化石保存地(Pb)	四川自贡恐龙化石
	古生物遗迹保存地(Pt)	内蒙古恐龙足迹
	孑遗古生物保存地(Pr)	湖南柴云万峰山银杉、冷杉群
地质灾害类 (D)	地震遗迹(De)	河北三河平谷地震
	现代火山遗迹(Dv)	云南腾冲火山
	泥石流遗迹(Dd)	贵州东川泥石流
	滑坡遗迹(Dr)	长江三峡新滩滑坡
	崩塌遗迹(Dc)	陕西翠华山崩塌
	地裂和地面沉降遗迹(Dl)	陕西西安地裂缝
	陨石撞击遗迹(Dm)	吉林双阳陨石陨落点

续表 5-5

大类	类型及代码	实例
地质地貌类（L）	花岗岩地貌(Lg)	安徽黄山
	陆源碎屑沉积岩地貌(Ls)	湖南张家界砂岩峰林
	火山岩地貌(Lv)	浙江雁荡山
	碳酸岩地貌(Lk)	云南石林
	变质岩地貌(Lm)	山东泰山
	冰川地貌(Lgl)	四川海螺沟
	风成地貌(La)	甘肃敦煌雅丹
	土石林地貌(Lp)	云南元谋盆地班果土林
	海岸地貌(Lo)	辽宁大连金石滩
	峡谷地貌(Lb)	四川大渡河
	黄土地貌(Li)	陕西洛川黄土
	河流地貌(阶地等)(Lr)	湖北长江下荆江段牛轭湖
	构造地貌(Lt)	四川龙门山葛仙山飞来峰
水体类（W）	特殊成因意义的河流或风景河流段(Wr)	广西桂林漓江
	特殊成因意义的湖泊(Wl)	浙江杭州西湖
	瀑布(Wf)	浙江诸暨五泄
	特殊成因意义的泉水(Ws)	山东济南趵突泉
	地热与温泉(Wg)	浙江南溪温泉
	湿地(Wm)	江西鄱阳湖

(4) 直接考察海拔相对较高的山头，寻找、发现符合标准的地质遗迹，并确定级别和类型。

(5) 直接考察地形地貌转折处，寻找、发现符合标准的地质遗迹，并确定级别和类型。

(6) 直接追索断层，特别注意断层通过的山麓地带，寻找、发现符合标准的地质遗迹，如三角面山、断裂点，并确定级别。

(7) 直接追索可能富含化石的地层，寻找、发现符合标准的地层剖面和化石类地质遗迹，并确定其级别和类型。

(8) 根据区内地壳演化历史分析，确定最有意义、最有价值的地质体，并从地质图面分析可能出现的地理位置，从而实地寻找、发现。

对已发现的地质遗迹点要进行小区域重点调查，工作方法为：①工作区面上调查按不小于1∶5万精度要求进行调查；②各调查点均采用GPS与地形地物结合定位，确定其地理位置，并均应填写野外调查表；③调查中应按统一要求进行，注重野外观察现象和数据记录的全面性和准确性；④野外记录必须条理清晰、字迹清楚，室内应及时整理；⑤认真做好野外资料的检查、补充和完善工作，加强野外和室内工作的阶段性小结，综合分析，及时发现问题，及时解决问题；⑥对典型地段的地质遗迹进行拍照和录像。

二、地质遗迹评价

进行地质遗迹评价时,应结合地质遗迹点周边的自然地理、行政区划与人口、历史文化、交通和区域地质背景,阐述地质遗迹点发现的时间与经过、地理位置和范围大小、地质遗迹点的地质特征、成因类型,评价地质遗迹点的美学特征、自然属性、社会属性、保存现状及利用程度,并分析其将来的可利用程度,确定地质遗迹点保护级别,提出规划保护建议措施,编制地质遗迹资源分布图、地质遗迹资源开发保护规划图,并建立地质遗迹资源数据库。

地质遗迹评价方法有定量评价和定性评价两种。

1. 定量评价方法

地质遗迹定量评价参照《国家地质公园总体规划工作指南(试行)》中的评审标准,分为自然属性和社会属性共12个指标,详见表5-6。

表5-6 地质遗迹定量分级评价表

序号	指标	满分	得分	序号	指标	满分	得分
1	典型性	15		7	机构设置和人员配备	4	
2	自然性	8		8	基础工作	6	
3	优美性	10		9	面积适宜性	6	
4	稀有性	17		10	经济和社会价值	6	
5	系统性和完整性	10		11	边界划定和土地权属	3	
6	科学价值	8		12	管理工作	7	

注:评价总分为100分,其中得分85分以上为国家级,65~85分为省级,小于65分为市级。如果社会属性不能够评分的,则根据自然属性60分的百分比评定,国家级为85%以上,省级为65%~85%,市级为65%以下。

2. 定性评价方法

按地质遗迹类型中地质遗迹的相对重要性进行等级划分,目前可分为国家级、省级、市级3个等级。

第三节 地热资源调查

我国的地热资源按其属性可分为3种类型:①高温(>150℃)对流型地热资源,这类资源主要分布在西藏、腾冲现代火山区及台湾,前两者属地中海地热带中的东延部分,而台湾位居环太平洋地热带;②中温(90~150℃)、低温(<90℃)对流型地热资源,主要分布在沿海一带如广东、福建、海南等省;③中低温传导型地热资源。

一、地热资源调查

1. 区域地质资料的搜集和分析

地热资源的埋藏分布大多与区域构造断裂、基底埋藏分布、深部地层岩性等密切相关。应充分收集调查在温泉露头、地热异常、石油天然气深钻揭示地热资料,区域地温梯度等资料为地热勘查提供基础地质条件。

2. 航卫片解译

航卫片的解译可以判断地热勘查区地质构造的基本轮廓及隐伏构造,可以显示泉群和地热溢出带的位置及地面水热蚀变带的分布,热红外解译可判断地表异常分布等。在勘查面积较大且已有地质资料较少地区,该方法可提供较多的地热地质信息。遥感图像解译应先于地质测量工作,卫星图像和航空相片两者结合使用,必要时进行航空红外测量。遥感图像解译应结合地面地质、物探资料进行。

3. 地热地质调查

地热地质调查包括:实地验证航卫片解译的疑难点,提高航卫片解译质量;此外着重区域地质构造研究,特别要查明与现代火山活动有关的构造断裂,查明地热田含水层与隔水层的地层时代、岩性特征、岩浆活动,阐明地热田形成的地质条件;查明地表地热显示的类型、分布和规模,阐述地热异常与地质构造的关系。地质测量范围应包括可能的补给区和排泄区对不同精度及工作目的的地热地质调查,工作内容可以有所侧重。

4. 地球化学调查

地球化学是地热普查勘探中最便宜和最有效的工具之一。它的任务是分析天然热泉或沸泉的化学成分,从而为确定是否要进行钻探提供重要指导。从钻探直至地热田开发,化学探测始终是了解地热田的重要手段。地球化学调查方法在地热勘查中多被用来区分地热系统的类型,推定地下水储热体的温度以及按地热液蚀变的矿物预测热储的历史和演变;对土壤中砷、汞、锑的探测,可以帮助判定深部隐伏断裂的展布情况;地热井岩芯中水热蚀变矿物的鉴定分析可以推断地热活动特征及其演化历史;对地热水中氟、二氧化硅、硼等组分的测定,可以帮助确定地热异常分布范围;测定代表性地热水和常温带地下水、地表水、大气降水中稳定性同位素及放射性同位素,可以推断地热流体的成因与年龄(洪乃静和张晓霞,2006)。

5. 地球物理勘查

综合物探方法应用于地热资源的预查、普查、勘探和开发各个阶段的物探工作。地球物理方法有地表温度测量、热流测量及电法、重力、磁力和地震勘探等。它与其他资料(地质、地球化学等)综合起来,能使孔位较准确地定位在理想的位置上。因为地温场的异常是地热资源的直接标志,所以地温场测量就是地热调查的有效手段。采用地温测量可以圈定地热异常区,分析热储空间分布特征;在较大的地热勘查区可以采用重力法确定勘查区基底起伏及断裂构造的空间展布;利用磁法确定火山岩体的分布及蚀变带位置;利用可控源音频大地电磁测深和氡气测量等方法可以判定断裂构造展布特征及地层富水情况;利用地震探测可以较准确地判定构造断裂展布特征及产状,同时测试地层波速,为热储层段划分提供信息。

地球物理勘查工作是间接探测方法,它的信息解译有多解性。开展工作时应设计出合理的方法组合,尽量用较小的投入获取较多的地热地质信息,以便去粗取精、去伪存真。

6. 地热钻探

地热钻探是地热勘查中最直观、最准确、最有效的方法,但因投资较大,工作量受到限制。因此,地热钻孔施工前要综合分析所有相关资料,精心编制地热钻孔地质工作设计和钻探施工设计,钻探过程中应尽量开展各种样品采集和各种测试、试验工作,以获取最多的地热地质信息。

二、地热资源的评价

地热资源评价是指对地热田内赋存的地热能与地热流体的数量和质量作出估计,并对其在一定技术经济条件下可被开发利用的储量及开发可能造成的影响作出估评。地热资源评价包含热储法计算的地下热能量和浅部地下水稳定流、非稳定流计算的地热水资源量的确定,而两者的资源量又都包括储存资源量和可采资源量。

1. 地下热能量

(1) 地热能储存量计算:参照《地热资源评价方法及估算规程》(DZ/T 0331—2020),热储法的计算公式为:

$$岩石中储存的热量 \quad Q_r = Ad\rho_r C_r (1-\varphi)(t_r - t_0) \quad (5-4)$$

$$水中储存的热量 \quad Q_w = (A\varphi d + ASH) \cdot C_w \rho_w (t_r - t_0) \quad (5-5)$$

式中,A 为计算区面积;d 为热储层厚度,应利用钻孔直接资料,并考虑地热田内热储厚度变化特征取平均值或分区给出;t_r 为热储平均温度,应尽量选用井温测量的实测数据;t_0 为基准温度,应选用热泵技术可达到的最低温度;ρ_r 与 C_r 分别为岩石的密度和比热,这两个参数应综合考虑物探测井和岩样实验室测试结果;ρ_w 与 C_w 分别为水的密度和比热;φ 为岩石孔隙率,应综合考虑物探钻井的实测数据及岩芯实验室的测试数据;H 为计算热储起始点以上水头高度;S 为弹性释放系数。

该计算方法考虑了热储层中岩石储存的热能,也考虑了地热水中储存的热能,理论是合理可行的,关键是获取较准确的计算参数。只要给出参数合理,其计算结果应该可信,并具有较强的区域可比性。

(2) 地热能可采资源量计算:地热能可采资源量受控的因素很多,如热储类型、热储埋深、热储压力、热储岩性特征等,因受控因素不同,地热可采资源量就会不同。地热资源开发利用技术的提高也可改变地热可采资源量。如提水设备能力和换热能力的提高都可增大地热资源可采量,而地热资源开发利用可能产生的环境和地质灾害问题有可能在一定程度控制地热能的可采资源量。可见地热可采资源量是一个受控因素很多、可变程度较大的量,不应规定一个统一和固定的参数计算,地热可采资源量应因地而异,因时而异。各地热田根据不同的地热地质条件、开发利用目的、开发利用技术水平及开采后可能带来的环境和地质灾害问题来确定可采资源量。尤其重要的是当地地热水位允许的最大下降幅度和回灌工程能实现的最大回灌量,是计算地热可采资源量的主要依据。

2. 地热水资源量

地热资源的埋藏通常较深,均需通过一定的流体,把热能从地下带上来,地下水是地热能最好的载体。因此,在计算地热资源时必须计算地热水的资源量。地热水与浅部地下水有着相似的储存特征和水动力特征,故可借鉴地下水资源计算方法来计算地热水资源。

(1)储存资源量估算:建议采用静储量法,考虑热储层段内地热水的体积存储量和弹性存储量,公式如下:

$$q_{总} = m \cdot a \cdot \Phi + \mu \cdot \Delta h \cdot a \qquad (5-6)$$

式中,m 为热储厚度;a 为地热田面积;Φ 为孔隙率;μ 为弹性释水系数;Δh 为热储层顶板算起的水头高度。其中,热储层厚度 m 和孔隙率 Φ 可从钻探、测井、实验室测试资料获取。

该计算方法理论上是合理的,同时应有较强的区域可比性,式(5-6)的弹性释水系数应该与热储层中各含水段的可压缩性能有关,不同含水岩组承受压力降低时能释放出的水量也是不同的。深部地下热水承受的压力要比浅部地下水大得多,其弹性释放量也应较浅部地下水大。该参数的获取方法及其较全面的物理含意有待进一步研究探索。

(2)可采资源量计算:地热水可采资源量与地热能可采量一样,是一个受控因素很高、可变性极大的量,同时也是地热资源计算中非常重要的量。因为它是可利用地热能的载体,目前可采用传统的地下水资源计算方法。常用方法有解析解法、补给量计算法、类比法、动态分析法、数值解法等,针对具体地区和资料情况选择适当的方法。

地热资源的评价应突出地热田的可持续发展能力和地热田开发利用与周边相应环境问题的关系。通过地热田开采动态分析可见,地热资源的储存量很大,但可采资源量很少。在评价地热资源可持续发展能力时,应充分考虑到储存量和可采资源量的转化关系。如能实现地热井的回灌工程,则会大大提高地热能的可采能力,扩大可采资源量,使地热田逐步走上可持续发展道路。

第四节 城市地下空间资源调查

受土地资源有限的制约,高速发展的城市化进程将地下空间利用规划推进到国际城市规划的前沿,科学安全地利用地下空间资源也已成为城市规划发展的重要举措。显然,地下空间是建立在地质体之中的,各城市开展城市地质调查工作,需要对城市地下空间利用的地质环境条件进行评价,并从地质环境条件出发对地下空间资源的开发利用进行区划。

地下空间资源调查评价工作是根据城市功能规划和地下空间开发利用规划,针对城市地下空间开发利用中引起的工程地质问题、地质环境与地质灾害问题,依托三维地质结构的调查,评价地下环境岩土的工程地质条件;同时,结合三维地质结构特征、水文地质条件、区域稳定性和现有地下空间开发利用现状,以断裂构造特征、区块稳定性、岩土工程性质、开发条件、环境影响和可利用程度等为主导评价因素,对不同构造层次地下空间潜在资源的可开发利用程度进行评价,开展地下空间利用的地质环境结构功能区划,建立城市地下空间资源利用数据库。

一、既有地下空间设施调查研究

既有地下空间设施调查研究包括对既有地铁、环城高速内主干道沿线、重点区域地下空间设施进行调查,确定已被利用的地下空间状况,建立既有地下空间资料数据库,分析不可利用地下空间的原因。既有地下空间设施调查以收集资料为主,遥感解译、实地调查、地球物理勘探相结合,辅以钻孔验证,即可获得良好的勘探效果。

1. 资料收集法

既有地下空间工程(如地铁、过江隧道、人防工程、地下商场等)建筑物工程的基础资料收集主要包括建设时间、采用的基础形式、地下工程类型、设计要求与施工技术方法、空间位置,并分别对基础形式进行统计调查。既有地下空间工程调查还包括收集城市地下既有管线的空间分布资料。具体收集资料及要求有如下几个方面。

(1)尽可能系统收集既有和在建高层建筑与地下建(构)筑物的基础资料,确定其基础形式或桩基形式及基础埋藏深度,确定既有地下空间、正在开发的地下空间、尚未开发的地下空间和二次开发利用的地下空间。

(2)收集代表性地下建(构)筑物或地下管线的平面分布资料,分析评判地下空间的利用程度。

(3)收集既有地下设施存在的问题,分析其产生原因与规律。

(4)在资料收集不尽如人意的情况下,以近期高精度(精度不小于1∶5000)遥感图像对照建(构)筑物进行遥感解译。首先,解译不同高度类型的建(构)筑物,分低层、小高层、高层建筑及不同高度桥梁,编绘其分布图件;其次,解译评判建(构)筑物的建成年代,结合不同年代建筑物的基础要求和建筑物所处地质环境特征,推定其基础形式或桩基形式以及基础埋藏深度,但必须有不少于5%的实地检查和求证,以保证推定结果的准确性;再次,实地检查与求证阶段可采用明探法和地球物理勘探的方法进行调查,并辅以钻孔等方法;最后,综合收集资料和解译成果、地球物理勘探成果等,编制地下空间利用现状图。

(5)选择不同类型、特征地质环境区域的地下空间利用例子,调查可能发生的环境工程地质问题,编制地下空间利用环境工程地质问题现状图。

2. 利用遥感解译判别地下空间资源

以高分辨率遥感影像为信息源,进行调查区内地下已有空间资源利用的反演探测。通过遥感数据的几何形态和多层立交桥结构分析,结合城建规划设计部门历史档案资料的查询和分区实地调查验证分析(与岩土工程结构结合),建立建筑物高度、建筑物样式与基础深度关系的判别模式。在此基础上,解译城市主城、附城及组团区建(构)筑物的空间分布,依据建筑物采用的基础形式和相关判别模式,确定已占用的地下空间,为探查可利用地下空间资源提供宏观的基础资料。通过人机交互的方式提取各类型建筑形状及大致的相对高度信息,通过有关部门查询和验证以及实地调查,结合水文地质、工程地质数据,建立建筑物高度、建筑物样式与基础深度关系的判别模式。在此基础上,解译建(构)筑物已占用的地下空间。其技术流程包括如下内容(程光华等,2013)。

(1)卫星遥感数据 DOM 正射影像制作：包括数据纠正、色彩均衡、镶嵌等步骤。

(2)建(构)筑物图斑提取：根据建(构)筑物在影像上的几何形态、纹理以及阴影等信息，解译建(构)筑物的高度、类型等信息，并结合工程重要性等级，采用人机交互方式将这些信息分为13种基本覆盖类型。

(3)图斑表示：生成图斑，属性值按建筑物高度分类给出。同时，根据建(构)筑物的高度和类型将图斑进行分色表示，如可按类型分为若干种色调，并用颜色的深浅来表示建(构)筑物的高低情况。

(4)查询验证：将调查区进行分区，选择典型建(构)筑物(数量为每个类型2个或3个建筑)进行历史档案查询(基础类型、埋深)，并实地调查验证。

(5)建立地面数据和基础深度的判别模式：通过遥感影像判定得到的建筑物高度、样式等地面信息与建筑物实际基础深度有关，在相关工程地质以及水文地质资料的辅助下确定地面信息与基础深度的大致对应关系。

(6)绘制地下空间利用图(基础类型、深度等)：根据上面建立的建筑物高度、样式与基础深度关系的判别模式，由图斑的高度信息、样式计算基础埋深。根据建(构)筑物的基础埋深将图斑进行分色表示，形成地下空间利用图。

3. 利用地球物理勘探方法配合钻探判别地下空间资源

通过钻探可获得地层实物，物探可获得地层物性，各有适用性，只有将二者有机结合才会相得益彰，如地下空洞调查，隐伏构造调查地下管线调查等。

地质体的物性包括重力、磁法、电法、地震各个方面，如地震勘探中应用的面波/横波速度，电法、电磁法勘探中应用的电阻率，重磁勘探中密度、磁性等。工作原理是：利用地质体物理性质划分地质界面、探查地质构造、调查地质灾害、岩溶作用及采空区等，构建二维剖面/三维地质体的物性模型，再转换成地质模型。利用物探成果的大数据构建可视化地层物性模型应用起来更直观方便。

二、地下管线调查

地下管线是城市赖以生存和发展的物质基础，涵盖电力电缆、通信电缆、给水管线、工业管道、燃气管线、供热管线、排水管线(雨水、污水)以及其他特殊管线，被称为城市的"生命线"。地下管线的材质各不相同，即使是同一种管线，材质也有多种，如铸铁、钢、混凝土、塑料、铜、光纤等。目前，每条高架桥地铁、隧道、高速公路以及各类非开挖施工的第一步就是开展地下管线探测。

电磁感应法是目前探测地下管线最成熟、操作最方便的方法，其原理是利用地下管线与周围介质的导电性和导磁性差异，采用人工激发的方式使管线载有电流，在地面上接收电流产生的交变磁场，通过研究该磁场空间与时间分布规律，对地下管线进行追踪、定位和定深。目前，国内外的管线探测仪的耦合法、直连法及感应法(图 5-1)等多种手段都毫不例外地采用了这种方法，它是目前我国探测地下管线应用最为广泛的物探技术。常见的管线探测仪有雷达8100金属管线探测仪、TAM3000地下管线探测仪等。

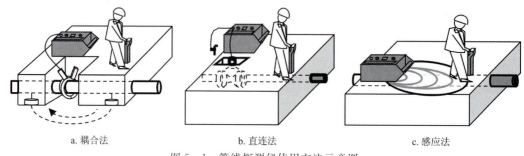

图 5-1 管线探测仪使用方法示意图

此外,探地雷达作为一种重要的物探技术,具有快速无损、分辨率高、实时剖面记录图像清晰直观和受外界干扰影响小的特点,被广泛应用于城市工程地质勘查中,诸如探测地下金属与非金属管线、人防工程、地基检测等。三维探地雷达更是因为其分辨率高、异常定位准确,被广泛应用于地下管线与非金属管线的调查,有很好的调查效果(图 5-2)。

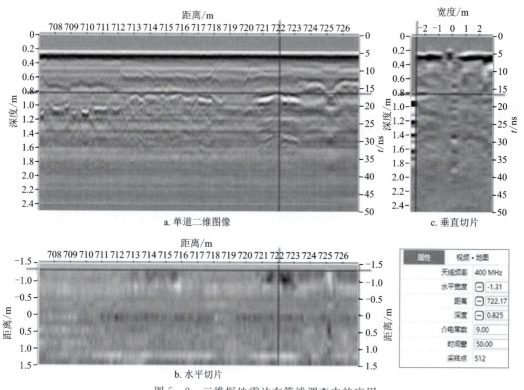

图 5-2 三维探地雷达在管线调查中的应用

三、城市地下空间开发的环境工程地质问题和地质环境条件的研究评价

城市地下空间开发的环境工程地质问题和地质环境条件的研究评价是要求在三维地质结构的调查与构建基础上,调查研究环境工程地质问题的类型与特征、影响因素及成因;结合断裂活动性研究工作,重点对地下空间开发利用的工程与岩土影响因素如隐伏断裂、褶皱、软弱

岩土与风化层等进行调查研究,研究评价地下空间利用的工程地质条件、水文地质条件和对工程的危害及对环境的影响;同时,调查既有地下设施的存在问题与安全性,评价其改造利用潜力,结合地面空间利用现状,进行地下空间设施的安全性评价。地下空间评价一般按照 0~15m、15~30m 和 30~60m 三个层次分别评价。评价方法可按软土地基、液化砂土、地裂缝等单要素进行评价,也可按照多要素加权综合评价。

收集地下水基础资料(如地下水类型、水位埋深、涌水量和突涌、管涌等),以便评价其对工程的危害和对环境的影响。收集有关软土的基础资料(如软土分布、钻孔资料、埋深、厚度、软土物理力学与工程性质指标等),收集软基沉降现状与软基灾害及其对重大工程和社会经济的影响等资料。

对地下 0~50m 进行环境地质、地质结构和岩层属性的详查与概查,其中工程建设层要重点调查与城市建设关系密切的工程地质层的岩性特征、物理力学参数的空间结构与变化规律;查明松散沉积层的空间分布,建立第四系地层结构与地质环境结构,调查含水层分布及其水文地质参数;开展基岩地质层调查,主要调查岩石地层,基岩起伏变化特征与对第四系沉积物、地下水的控制性,断裂构造分布,主要断裂及新构造的活动性特征。

人类对于地下空间的不合理开发易导致城市次生地质灾害如地面沉降、地裂缝、岩溶塌陷的形成,严重危害人民的生命和财产安全。地面沉降波及范围广,下沉速率缓慢,往往不易察觉,对建筑物、城市建设危害极大。地裂缝宽度极小,埋深变化大,延伸较长,严重破坏地面及地下各种建筑、设施。岩溶塌陷主要分布于岩溶强烈到中等发育的覆盖型碳酸盐岩地区,它不仅破坏岩溶区工程设施,而且易造成岩溶区水土流失,导致自然环境恶化。

在既有地下空间设施调查和地下空间利用环境工程地质问题现状调查基础上,以三维地质结构为依托,分析研究地下空间利用环境工程地质问题与地质环境条件的关系以及地下空间利用工程对地质环境的反馈作用。

思考题

1. 城市地质资源都有哪些?调查的主要内容如何?调查步骤如何?
2. 查阅文献,举例说明应急水源地调查的主要内容及方法。
3. 查阅文献,举例说明地质遗迹调查的主要内容及方法。
4. 查阅文献,举例说明浅层地温能调查的主要内容及方法。
5. 查阅文献,举例说明城市地下空间调查的主要内容及方法。

第六章　三维城市地质建模

城市是人类走向成熟和文明的标志。改革开放至今,我国经济飞速发展,2020年常住人口城镇化率已经超过60%。城镇化已经进入快速发展阶段,这一方面标志着我国的现代化水平逐步上升;但另一方面随着城镇化进程加快,随之而来的城市资源缺乏、城市地质灾害、城市扩张及人口膨胀等问题严重制约着城市的可持续发展。随着城市建筑量日益增多,城市发展对城市空间结构、规划、管理等提出了新的挑战,城市地下空间资源的开发利用逐渐成为城市发展的重点。

第一节　地质建模的意义

一、三维数字城市

21世纪以来,城市地下空间作为一种重要的空间资源,对其进行合理开发利用逐渐成为现代化城市发展的必然趋势。其实,早在20世纪,就已有国家认识到了利用城市地下空间以及认识城市地下信息的重要性。1977年,瑞典首次召开了地下空间国际学术会议,通过会议地下空间逐渐受到发达国家的重视,并将其视为新型的国土资源;1988年,第三届地下空间国际学术会议上首次提出了"城市地下空间"的概念,并明确指出其在城市建设与发展中的作用及重要地位;1991年12月,日本东京召开了都市地下利用国际会议,会上发表的《东京宣言》指出,城市地下空间是城市宝贵资源,应建立良好的信息系统,尽一切努力利用城市地下空间,改善城市生活(朱作荣和胡振瀛,1991)。由于城市地下空间资源的难以恢复和改善性,为了有效利用地下空间资源、避免资源浪费,就必须探明城市地下地层属性、结构以及分布特征。

在美国前副总统Albert Arnold Gore Jr. 1998年第一次提出"数字地球"概念之后,"数字城市""智慧城市""地质大数据"等观点被广大学者相继提出并成为研究热点。随着GIS理论、计算机技术、虚拟现实技术以及三维可视化技术的不断发展,三维数字城市应运而生(图6-1),城市地下空间的三维模拟以及可视化已经成为地下空间开发利用前期的主要工作之一。城市地下空间三维模型与传统信息二维显示相比,具有立体直观性、灵活性、可接受性强等特点,可从各个角度发现地下地质特征,直观清晰地展现城市地下地质对象的空间特征和关联关系,减少对地质问题的盲目认识而带来的施工风险,也使得城市地下空间利用的前期规划以及后期管理更加容易把控,为城市可持续发展提供了技术支撑。

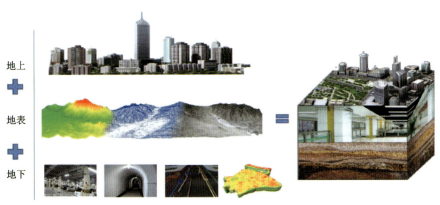

图 6-1 三维数字城市地质模型(张军强,2012)

二、三维地质建模及意义

三维地质建模(Three-Dimensional Geological Modeling)是一个基于数据、信息分析,合成的学科,或者说是一个整合各种学科的学科。这样建立的地质模型汇总了各种信息和解释结果。所以,是否了解各种输入数据、信息的优势和不足是合理整合这些数据的关键。储层一般都会有多尺度上的非均质性和连续性,但是由于各种原因,我们不可能直接测量出所有的这些细节。借助地质统计技术来生成比较真实的、代表我们对储层非均质性和连续性的认识的模型是一个比较有效的研究储层的手段。同一套数据可以生成很多相似的但是又不同的模型,这些模型就是随机的。

什么是地质模型?地质模型是一个三维网格体。这些网格建立在地表层、断层和层位的基础之上。它决定了储层的构造和几何形态。网格中的每一个节点都有一系列属性,比如孔隙度、渗透率、含水饱和度等。不过具体的模型节点尺度还要取决于目标区域大小及特征,要解决关键地质问题的尺度以及模型的商业用途。不同情况下建立的地质模型节点尺度会有很大差别。地质模型的建立可以细分为 3 步,即建立模型框架、建立岩相模型、建立岩石物性模型。

为更清楚地了解地质体内部结构,仅仅依靠二维地质剖面和地表结构模型是不够的,有了三维模型就可以不受限制地对模型进行任意方位、多种形式的剖切形成切面。

第四系结构模型能直观地展现地层在三维空间的沉积序列,揭示地层的纵横向分布、岩性和沉积环境在三维空间的相变关系。基岩模型直观地展示了松散层之下岩石表面的起伏形态和岩石地层空间特征、岩性分布规律等;基岩模型还同时展示了地质构造的地下空间走向和延伸,有助于辅助分析地壳稳定性、地下水储水构造、成矿作用等,也可用于指导城市规划建设和布局;对于当前在基岩中寻找储水层更是有指向意义。

鉴于各种岩性土体地下空间分布特征,通过三维结构模型更全面、直观、多视角地展示,可对重大建设场地工程条件进行评价,并对有关的工程地质问题进行研究。

在城市规划与建设方面,用户通过与系统进行交互,足不出户地就可以掌握地下空间信息。三维地质建模可为工程建设、地下水寻找、城市规划提供科学决策,节省费用,具有很强的社会和经济效益,可以较好地服务于地方经济,意义重大。

第二节　三维地质建模技术发展现状

关于城市三维地质建模理论及技术方面，国内外已有许多学者做了大量的详细研究。

一、国外三维地质建模技术发展现状

20世纪80年代，随着计算机技术、地理信息系统（GIS）和可视化技术兴起，城市地质工作才不再局限于二维平面空间，逐渐向三维立体空间发展。西方学者Notley和Wilson利用矿体剖面图和平面图构建了用于地矿领域的简单线框模型，当然这还算不上是真正的三维地质模型；Haldorson和Lake提出油藏动态模拟的储层建模方法；20世纪80年代末期，Carlson从地质学角度提出地下空间结构的三维概念模型，其思想在后来被许多学者采用；1989年，法国南锡（Nancy）大学Mallet教授提出了适用于自然物体模拟的离散光滑插值技术（Discrete Smooth Interpolation，简称DSI），并于1989年和1992年先后发表两篇关于"离散光滑插值"建模方法的文章，这标志着三维地质建模技术中的地质曲面技术获得了突破；1990年，澳大利亚实施了三维地质研究计划，以获得深部地层信息；日本大阪地区用10年时间建立了大阪湾的地层三维数据处理系统，钻孔数据达30 000个；1991年Ekoule解决了非凸轮廓线的三维物体重构问题；1994年，加拿大Simon W Houlding首次提出三维地质建模（3D Geosciences Modeling）的概念，并出版专著 3D Geoscience Modelling：Computer Techniques for Geological Characterization，这是最早成型和应用最广的三维地质建模理论与方法。

三维地质建模理论的形成与地质统计学和有关学科有着密切关系，是根据可靠的地质数据源如钻孔、剖面等，运用地质统计学、空间分析和预测、几何重建、计算机图形学等技术，尽可能还原地质对象空间分布特征的过程。三维地质建模一般将原始数据根据应用领域及问题描述抽象为空间数据和属性数据。利用空间数据，构建反映地层、断层等地下地质界面和地质体空间位置、几何形态以及空间关系的几何（结构）模型，其结果通常用矢量数据存储，该过程即为地质结构建模；利用属性数据，构建反映地质体内部某一物理或化学属性值在三维空间中变化规律的预测模型（属性模型），其结果通常用栅格数据存储，该过程即为地质属性建模。三维地质建模流程如图6-2所示，结构模型不能刻画地质体内部的非均一性特征，属性模型也需要几何模型的约束和控制，两者需要很好配合才能更好地完成三维地质模型的构建。

近10年来，为更好地了解地下地质结构以及描述地质体的非均匀分布特征，先后出现了各种三维结构建模技术、三维属性建模技术、三维可视化技术。众多学者在这些方面进行了大量探索和研究，为三维地质建模理论和方法的发展作出了重要贡献。例如"地层分层建模"通过把上一层地层的底部作为下一层地层顶面，采取这种自上而下的方式构建地层，实现了三维模型构建；"隐式函数建模"这种方法能使用位置和方位数据快速构建模型；"多边形态方法"将地貌单元与个别地形有关的典型沉积物类型叠加在一起，增强了对地质模型中一些非均匀性质的认识；此外，还有"钻孔-层面-实体""基于多点地质统计学（Multiple-Point Geostatistics）的随机重建"等多种方法。

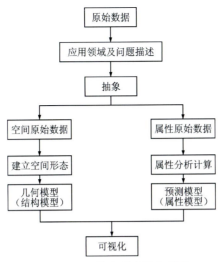

图 6-2 三维地质建模流程图

这些方法为三维地质建模以及模型应用分析提供了有利条件。三维地质建模技术最早应用于油气勘探领域,现如今已经应用到地域地质调查、矿产资源勘探、城市地质勘探及等众多在国民经济起支撑作用的行业。特别是 21 世纪以来,随着城市化的全球化进程逐渐加快,为适应城市发展的需求,三维地质建模技术在城市中的应用越来越广泛,众多国家都开展了城市三维地质调查和建模工作,并取得了一定成果。例如意大利基于 MGE 软件建立了地下地质岩土三维模型;英国地质调查局的研究人员将专家经验与现实情况相结合,基于 GSI 3D 软件构建了一系列关于伦敦和泰晤士河口地区的三维地质属性模型;丹麦利用萨姆瑟岛的高分辨率三维地质模型来更新 Pillemark 垃圾填埋场的风险评估。

现代城市地质工作更加注重环境、社会以及人类的和谐发展,注重城市的可持续发展,并且随着科学信息技术的不断进步,城市三维地质建模技术迅猛发展,其技术将会是以后城市地质工作的发展方向以及城市地下空间利用的主要工作之一。国外在三维地质建模软件方面,最为代表的是法国南锡大学 Mallet 教授开发的 GOCAD 软件,它在全世界应用广泛。除此之外,其他软件还有美国环境系统研究所公司(Environmental Systems Research Institute Inc.,简称 ESRI 公司)开发的专业信息系统平台 ARC/INFO,加拿大科克姆地理系统有限公司(Kirkham Geosystems Ltd)的地质采矿软件 Micro LYNX 和地下水模拟计算软件 FEFLOW,法国斯伦贝谢公司(Schlumberger)的面向油气勘探三维地质建模软件 Petrel,英国矿业计算有限公司(Mineral Industries Computing Limited,简称 MICL)开发的面向数字矿山的三维地质建模软件 CAE Studio 等。这些不同软件的出现都对三维地质建模技术的发展作出了巨大的贡献。

三维地质建模方法可根据建模数据源的不同分为基于钻孔数据、剖面数据、多源数据结合等不同的建模方法。有些学者从地质应用领域出发,采用基于体元或体素的建模方法构建三维地质模型,对从四面体、六面体到三棱柱体的建模方法均作出了大量研究。但由于四面体、六面体等体元的算法复杂以及冗余问题,大量学者开始聚焦于基于三棱柱的地质模型构建,并在这方面不断深入,出现各种类型的三棱柱,如似三棱柱、广义三棱柱、类三棱柱等。还有一部分学者为解决复杂地质体人机交互建模时存在的耗时高、效率低等问题,提出分区建模方式,可多人同时建模，加快了建模速度。近些年，更有学者将三维地质建模与人工智能机器学习结合起来，探索更高效的智能建模方法。

二、我国三维地质建模技术发展现状

我国在城市地质工作方面稍晚于国外，起源于20世纪50年代初以北京和包头为代表的新型工业化城市地下水调查工作。随着城镇化不断发展，20世纪60—70年代，我国的水工环地质调查工作逐步展开。到20世纪80年代，我国经济持续增长，城市地质工作获得空前发展，在城市环境地质问题等方面的研究已有很多成果。到20世纪80年代末，为了适应当时城市地质的发展，国内引入美国Dynamic Graphics公司（DGI）的三维地质建模软件Earth Vision。这标志着我国三维地质建模的开始。随后，众多学者在不同领域对三维地质建模理论和方法以及软件开发等方面进行了大量研究，对国内三维地质建模的发展作出了重要贡献。

为适应城市发展新形势，三维地质建模技术逐渐应用于城市地质工作中，特别是近几年"数字北京""数字广州""透明雄安"及"透明成都"等一系列发展计划纷纷出台，城市三维地质调查工作以及建模工作发展迅速，已有许多学者在这方面做了大量研究并取得了一定成果。有些学者将三维地质建模技术和城市建设结合起来，探讨其在城镇化过程中以及城市地质工作中的应用和优势，明确指出城市三维地质建模技术就是未来城市地质工作的方向，是未来城市建设的重要工作之一。有些学者以城市地质调查为背景，利用各种城市地质数据，研究城市三维地质建模技术。

一般来说，大部分学者都以钻孔、剖面、地震解译等数据来研究城市三维地质结构模型构建，如李亦纲等（2005）开发了以钻孔数据为建模基础的城市三维地质建模软件，并总结了其建模实现过程，同时也实现了对钻孔数据及三维地质模型的二维成图和三维显示功能；李静和赵帅（2016）以通州为例，利用城市区域地质、钻孔、剖面等数据，结合3D GIS以及3D可视化技术，构建了研究区的三维地质结构模型，并且还综合分析了城市的砂土液化，为地质稳定性评价提供了参考依据；何静等（2019）以钻孔数据为基础，通过钻孔数据绘制标准剖面，建立了北京市五环城区的三维地质结构模型，直观展示了研究区浅部的地层分布与地层结构。

在城市三维地质属性模型方面，虽然我国的研究成果较少，但近些年也取得了一些成果，如郭飞等（2012）探讨了基于马尔科夫链的地质属性建模，并将其应用到南京市河西地区；叶淑君等（2015）构建了上海地面沉降三维模型，以模拟上海市中心含水层系统的位移；王亚辉等（2014）利用物探技术手段获取地球物理属性，构建了西安市的三维地质属性模型。除此之外，还有许多学者在城市三维地质建模中，综合考虑区域特性以及传统建模方法的不足，研究了一系列建模方法，为我国城市三维地质建模提供了丰富的理论和技术方法参考。

在三维地质建模软件方面，国内也取得了一些成果，如中国地质大学（武汉）的GeoView 3D、北京网格科技有限公司的Depth Insight地学建模软件、南京库仑软件技术有限公司的EVS（Earth Volumetric Studio）、北京大学的GSIS、武汉中地数码科技有限公司的MapGIS 10等。近些年来，EVS、MapGIS 10等软件在城市地质方面应用较为广泛，是国内较好的城市三维地质建模软件。

第三节 三维地质建模技术方法

在城市地质调查工作过程中,获取的钻孔、剖面、地质图、地表高程、物探资料等相关资料,可以应用于城市三维地质建模。根据利用的数据源,衍生出基于钻孔、基于地质剖面图、基于地球物理数据和基于多源数据融合等的三维地质建模方法。

一、基于钻孔的建模方法

钻孔数据真实客观地反映了钻探地点的岩性、地层、结构、构造等重要的地质信息,是地质工作开展的原始数据和重要支撑数据。钻孔数据建模的核心是对钻孔柱状图进行地层划分处理和层面插值,即从钻孔柱状图上获取详细的地层分布信息,再将相同地层的层面插值处理生成地层面。

基于钻孔数据的建模也叫基于多源耦合数据的地质结构建模,一般以钻孔数据为基础,以剖面数据、地质图、地表 DEM、地层等深线等多种数据为约束数据,在已有数据的基础上,充分利用已知的数据源,结合地质学的规律和数学算法,模拟未知区域的地质数据,从而建立整个区域的地质模型。

基于钻孔数据的方法适合地质构造简单的层状地质体建模,自动化程度和建模效率较高,但模型精度受钻孔分布影响很大,当钻孔分布不均匀或建模区域地质构造比较复杂时,建成模型不能准确地反映断层和褶皱等特殊地质现象。此方法是针对工程地质、水文地质、第四系等简单层状地质结构,同时具有标准层序特征的地质区域而提出的,是城市三维地质结构建模中比较常用的技术方法。

基于钻孔数据的快速化建模主要采用"钻孔数据-约束数据-地层实体"的建模思路。在整个建模过程中,都采用同一网格模板来构建地层面,所有层面的三角网在平面上的投影都是同一模板。这样不仅可以实现由上至下快速推延建模,提高建模效率,并且能够保证每一地层面具有一致的拓扑关系,保证算法稳定。网格模板一般按建模范围和精度要求生成。首先,在此基础上从钻孔数据中提取基本信息和分层信息,从约束数据中提取约束信息,如从等深线数据中提取地层表面约束点信息,从地质图数据和剖面数据中提取地层边界线信息;其次,利用计算机对基础数据和约束数据进行合理插值计算,自动构建地层层面模型;最后,根据地层之间的叠覆关系等地质信息生成地层实体模型。基于钻孔数据的三维地质建模组成结构如图 6-3 所示。

二、基于剖面的建模方法

地质剖面图是地质工作人员根据实地考察资料、地质经验,或依据地质平面图编制而成的二维图形,用于直观地表达地层分层和地质构造,是重要的地质成果图。基于地质剖面图的建模方法(剖面建模法)是通过人机交互方式在地质剖面图上进行剖面间的地质层面拓扑重建或

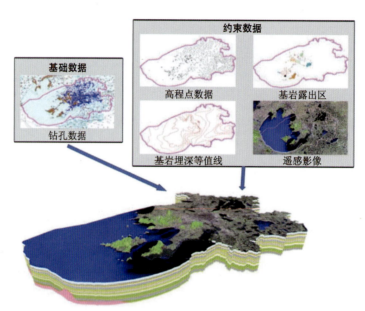

图 6-3　基于钻孔数据的三维建模组成结构示意图

拓扑连线以生成地质模型。通过人机交互方式将地质知识和专家经验引入到模型中,减少了地层信息和地质结构的不确定性,提高了建模精度,适用于地质结构复杂地质体的构建。但由于人机交互方式需要大量的人工操作,剖面建模法建模效率较低。

交互式剖面建模可以理解为将二维矢量编辑提升至三维,只是依据软件自动化程度的不同,可编辑的对象和编辑的方式有所不同。采用交互式剖面建模方法时,建模精度和建模效率受建模人员的地质知识、数据精度、数据密度和软件操作影响,但由于其交互操作具有高自由度的特性,原理上可以将地质人员对建模数据的认识完全反映在模型上,因而此种建模方法可以适用于任何地质情况。

三、基于地质图分区的建模方法

地质图是地质专家根据掌握的地形数据、钻孔、剖面等地质资料,融入相关经验及认识绘制而成的能反映沉积岩层、火成岩体、地质构造等形成时代的二维图件。该种方法中已知信息相对比较多,是人眼能够直接观察到的部分。第四纪地层一般具有上、下的标准层序,建立地表第一个地层模型之后,剥离该层,剩下的地层的构建方法与原来的一致。

基于地层分区的快速化建模技术的基础数据源是钻孔数据和地质图数据。在构建某一区域的三维地质结构模型时,常常要求三维模型表面与地质图完全吻合,此建模方法就能快速准确地构建符合此要求模型。

本方法主要把每一个地层作为一个建模单元,多层地质体构成地质模型。第一层模型主要由地质图和地表 DEM 联合进行建模,当第一层地层模型构建完成后,将此地层的底面作为下一层的顶面参与建模,而下一层的底面主要根据钻孔分层信息向外扩散一定距离后插值生成;然后将顶面、侧面和底面缝合,构成地层实体,之后每一层模型都使用这种方式构建。这种自上而下逐层建模的方式可以很好地解决数据冗余问题,让大量数据参与模型构建。

四、基于基岩产状下推的建模方法

基岩产状指的是基岩地质图上岩层的延展方位,包含走向、倾向和倾角3个要素。基于基岩产状下推的建模方法是通过基岩地质图和图面上的产状信息,利用基岩产状下推自动建模实现地质块体的走向、大小及形态的表现,自动完成块体的三维地质模型构建工作,并反映建模区域内地层、断层、褶皱构造的三维地质结构模型构建方法。

五、基于多源数据融合的建模方法

基于多源数据融合的建模方法是综合利用地质、钻探、基础地理等多源数据建立三维地质模型,使多源数据的融合能够较好地弥补单一数据源的不足,使得建立的模型更加符合实际地质情况。钻孔数据和剖面数据的融合比较精确地确定了研究区的地层框架,地质图和地表等值线的使用可进一步为研究区内存在断层、褶皱等特殊地质现象的区域提供建模依据。多源数据建模模型如图 6-4 所示。

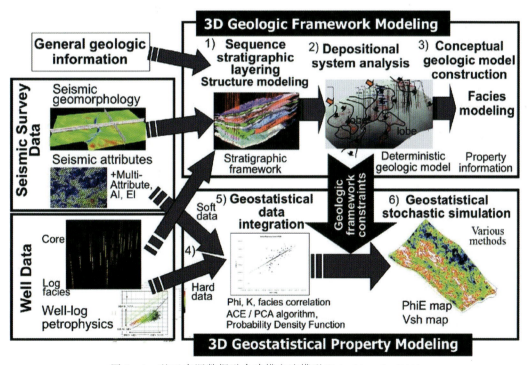

图 6-4　基于多源数据融合建模方法模型(Takashi et al.,2013)

六、复杂地质结构半自动建模

复杂地质结构半自动建模是建模人员通过人机交互的方式提供地质规则、专家经验等,由计算机进行数学计算。而建模数据一般来说是剖面数据,如果有其他钻孔、地质图、DEM、等深线等揭示地质构造信息的数据,可以将这些数据作为建模中的约束数据,使得模型更加可靠。此建模技术方法适用于任何地质情况的建模,能够充分体现地质专家经验,且可以进行建模单元划分,从而使得一个大区域的三维建模可以分单元多人同时进行建模,节约了建模时间。但该方法也存在一些问题,如模型拼接处难以做到平滑过渡,合并之后的模型能看到分块的痕迹,因此一般来说都是以断层面为界划分建模单元。

复杂地质结构半自动建模的核心是"点→线→面→体"从低维到高维的"升维"半自动人机交互式建模过程,即:第一步是连接多条三维地质剖面上对应地层的特征点,构建出地层面和断层面的边界轮廓线;第二步是用这些封闭面的轮廓线构建断层面模型和地层面模型;第三步是根据断层面和地层面构建出封闭的地质结构模型。复杂地质结构半自动建模流程如图6-5所示。

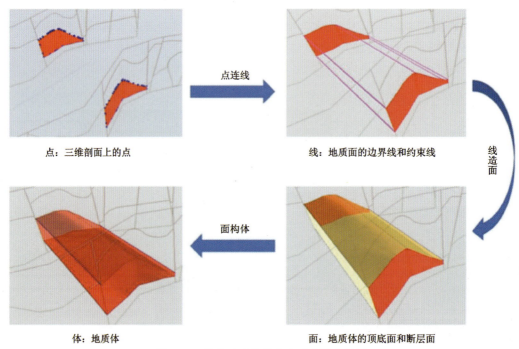

图6-5 复杂地质结构半自动建模流程图

第四节 简单三维地质建模实例

本节以两种不同的软件对三维地质建模作简要说明,第一种建模方式以南京师范大学虚拟地理环境实验室建模软件为例进行基本说明,部分图片来自南京师范大学虚拟地理环境教育部重点实验室陈锁忠教授的《一种基于前沿推进的二维自适应三角格网生成与优化算法》的报告内容。第二种建模方式以EVS软件进行说明。

一、三维地质建模方式一

1. 原始钻孔加载

根据数据库中的钻孔基本信息和所包含的地层信息，设计钻孔数据结构，生成钻孔对象。由于打钻深度较浅，系统将钻孔近似地模拟为规则圆柱体（图 6-6）。

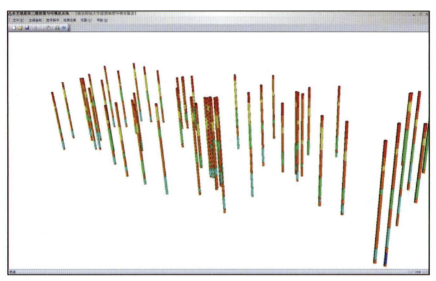

图 6-6　软件加载钻孔数据

注：不同的颜色代表不同的含水层。

2. 线性与曲面模型

利用线性插值算法得出模型，这样做的优点在于计算速度较快。然而，由于它是以平面代替曲面的方式进行插值，所以其模拟效果较差，曲面平滑性不强。

曲面插值主要是指样条函数插值或者移动二次曲面插值等，优点在于生成的模型模拟效果较好，曲面较为平滑。但是曲面插值法计算量大，计算速度比较慢。两种不同插值的效果对比如图 6-7、图 6-8 所示。

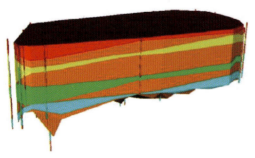　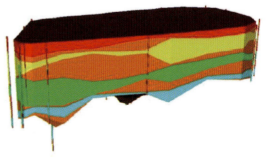

图 6-7　线性插值效果　　　　　　　　　图 6-8　曲面插值效果

3. 模型揭层显示

利用软件系统把不同属性的似三棱柱单元分离存储,实现各地层模型的分离,从而进一步实现不同地层的揭层显示(图 6-9)。

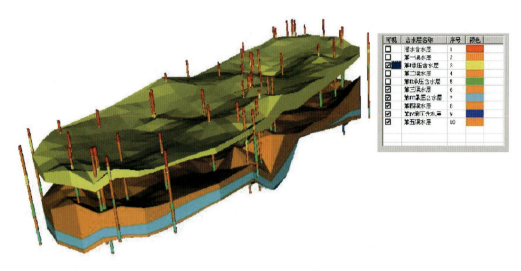

图 6-9　三维模型揭层

4. 模型空间切割

模型空间切割主要是从竖直方向与水平方向进行。竖直平面的定义与切割如图 6-10 所示。水平平面的定义与切割如图 6-11 所示。

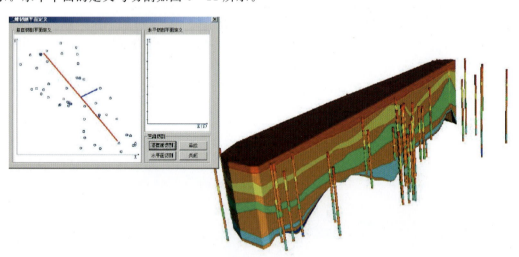

图 6-10　竖直平面定义与切割

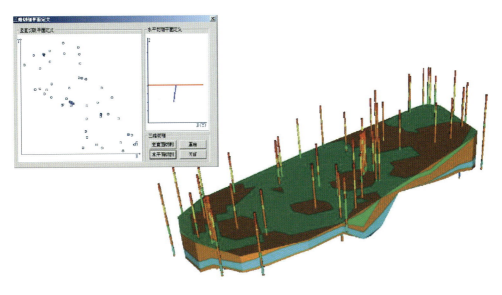

图 6-11 水平平面定义与切割

5. 模型栅栏图生成

根据水平方向和竖直方向的空间模型切割,结合钻井数据,生成三维栅栏模型,如图 6-12 所示。

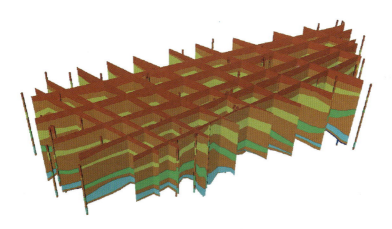

图 6-12 三维栅栏模型

二、三维地质建模方式二

以 EVS 为例进行三维地质建模介绍,建模过程与方式一有一定的差异。

对于钻孔较多、地质情况较为复杂(侵入岩、岩溶作用、褶皱等)的情况,一般无法确定标准层序,此时可以采用指数克里金(GIK)法进行岩性建模。GIK 法提供了创建非常复杂地质模型的能力,而且这种地质建模方法几乎是由计算机完全自动完成的,不需要地质人员的干预或对钻孔数据进行解释。

岩性建模采用原始钻孔数据进行建模,即没有进行层序划分的钻孔数据。因此,对于可以进行地层建模的场地,岩性建模也可以用于辅助判断层序划分是否正确,即岩性建模结果给出了计算机通过 GIK 法得到的空间岩性的概率分布情况,而这种情况可以用于验证层序划分是否正确。

在通常情况下,岩性建模可以很好地帮助我们判断场地的地质构造情况、是否可以进行地层建模、是否有溶洞等复杂地质构造等。对于可以进行地层建模的场地,当钻孔较多时,岩性建模甚至可以得到与地层建模相似的模型。因此,岩性建模对于需要随钻孔数据不断更新模型且钻孔数据量庞大的情况也非常适用。

岩性建模由于其便利性(几乎无需人工干预),广泛应用于复杂地质建模。但是由于岩性建模采用单元数据进行差值计算,所以世界上绝大部分地质建模软件得到的岩性模型都为锯齿状的。为了得到平滑的岩性模型,通常需要加密网格,但是这样会大大降低建模效率,增加计算时间。EVS 建模创新性地发明了不加密网格,即可生成平滑岩性模型的平滑指数 GIK 法。使用该方法可以得到非常平滑的岩性模型。

1. 钻孔数据处理

EVS 建模所需要的勘察钻孔数据包括:钻孔东坐标(X)、钻孔北坐标(Y)、地层顶部深度或标高(top)、地层底部深度或标高(bottom)、岩性名称(lithology)、钻孔编号(boring ID)、孔口标高(ground surface)。根据勘察原始数据,将以上数据整理到 Excel 表格中进行标准化。对于 EVS 事项,顶部与底部均采用孔口标高以下的深度值来描述,且所有数据单位均为米(m)。表 6-1 为 Excel 表格中经过标准化的钻孔数据。

表 6-1 钻孔数据标准化

X	Y	地层顶部深度/m	地层底部深度/m	岩性	钻孔编号	孔口标高/m
630439	4272029	0	9.49	粉砂	CSB-1	31.95
630439	4272029	9.49	10.38	黏土	CSB-1	31.95
630439	4272029	10.38	32.65	碎石土	CSB-1	31.95
630874	4271976	0	9.14	粉砂	CSB-10	30.75
630874	4271976	9.14	18.88	黏土	CSB-10	30.75
630874	4271976	18.88	31.45	碎石土	CSB-10	30.75
630875	4270007	0	9.28	粉砂	CSB-11	30.46
630875	4270007	9.28	17.20	黏土	CSB-11	30.46
630875	4270007	17.20	31.16	碎石土	CSB-11	30.46

使用 EVS 自带的"Generate PGF File"工具,读入上述 Excel 表格的内容,为每个字段选择相应的数据列,并选择 Z 坐标为深度数值(图 6-13),即可将其转换为 EVS 建模所需的钻孔数据 PGF 文件(图 6-14)。

在 EVS 中使用"post_samples"模块导入上述钻孔数据 PGF 文件,即可在三维空间中查看钻孔分布及每个钻孔的岩性。图 6-15 所示为全部钻孔分布,图 6-16 所示为局部钻孔分布。

第六章 三维城市地质建模

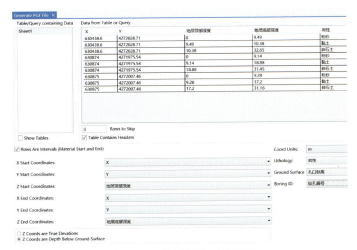

图 6-13 数据转换工具界面

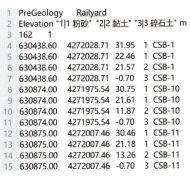

图 6-14 生成的 PGF 文件

图 6-15 全部钻孔分布

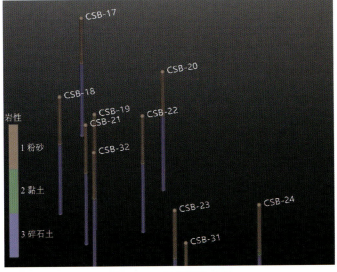

图 6-16 局部钻孔分布

2. 建模流程

为了顺利在 EVS 中建模,先对建模流程进行创建。图 6-17 为本项目建模所用模块的组织情况,对每个模块进行关联,得到一个基础建模流程图。图 6-17 中所涉及的模块说明如下。

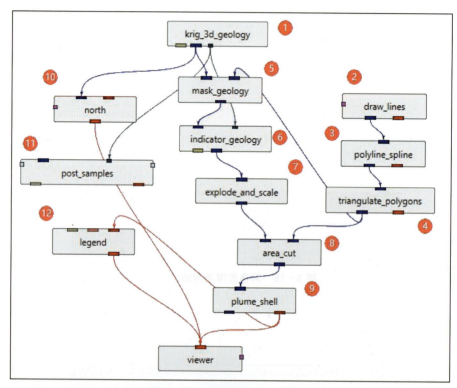

图 6-17 建模模块及流程组织

"krig_3d_geology"模块:设置网格范围和网格精度。
"draw_lines"模块:绘制所需区域的边界线(闭合的曲线)。
"polyline_spline"模块:将区域边界线进行平滑处理。
"triangulate_polgons"模块:将区域边界线转化为平面用于模型切割。
"mask_geology"模块:取和区域边界线相交的网格作为插值运算的网格。
"indicator_geology"模块:进行平滑岩性建模,得到真三维的模型数据。
"explode_and_scale"模块:对模型数据赋予炸开和缩放的属性。
"area_cut"模块:按区域边界线对模型进行切割。
"plume_shell"模块:进行模型三维可视化。
"north"模块:添加指北针。
"post_samples"模块:进行钻孔数据的三维可视化。
"legend"模块:添加岩性图例。

3. 网格范围和网格精度

将钻孔数据 PGF 文件导入"krig_3d_geology"模块,设置网格范围和网格精度,使其包含模型范围,如图 6-18 所示。

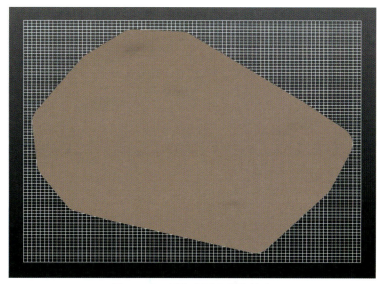

图 6-18　网格范围及网格精度

4. 插值计算

本次建模方式采用岩性建模。该方法能够创建非常复杂的地质模型,而且全部建模工作都是由计算机自动完成的,不需要进行人工钻孔解释工作。但由于岩性建模采用单元数据(六面体空间网格)进行差值计算,所以目前绝大部分地质建模软件得到的岩性模型都是锯齿状的,如果要得到平滑的岩性模型通常需要加密网格,但是这样会大大降低建模效率、增加计算时间。EVS 建模创新性地使用了不加密网格即可生成平滑岩性模型的平滑指数 GIK 法,通过这种方法得到的模型,无论模型表面还是各岩性的分界面都是平滑的。平滑岩性建模方法在"indicator_geology"模块中的参数设置如图 6-19 所示。

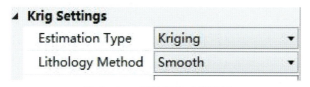

图 6-19　平滑岩性建模设置

5. 模型可视化

EVS 建模创建的地质模型为真三维模型,包含节点数据(如深度、标高等)和单元数据(岩性),可以通过模型可视化模块查看同一模型的不同数据。本书通过"plume_shell"模块进行模型的可视化,如图 6-20 至图 6-22 所示,分别为高程模型、深度模型、地质模型。

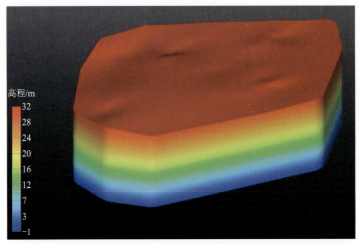

图 6-20 高程模型

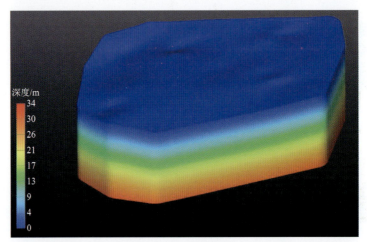

图 6-21 深度模型

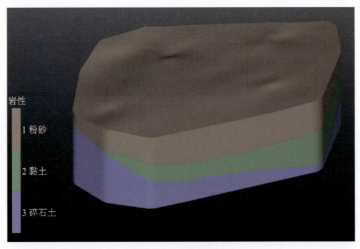

图 6-22 地质模型

6. 模型展示

(1) 模型按岩性显示,使用"explode_and_scale"模块,可以单独显示某种岩性,如图 6-23 至图 6-25 所示。

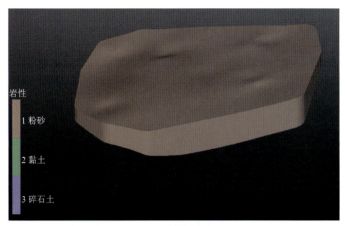

图 6-23　粉砂单独显示

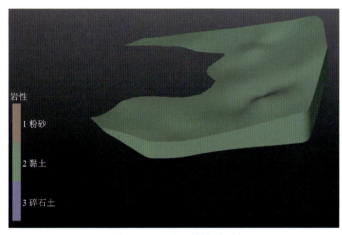

图 6-24　黏土单独显示

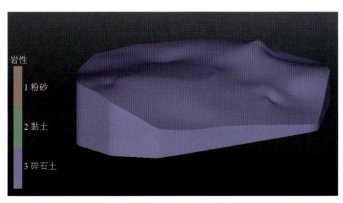

图 6-25　碎石土单独显示

(2) 剖面切割使用"thin_fence"模块,可沿任意直线或折线切割剖面,如图 6-26 所示。

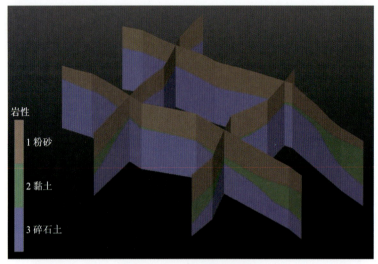

图 6-26 模型剖面切割

思考题

1. 三维地质建模的意义有哪些?
2. 三维地质建模在国内的发展状况如何?
3. 常用的三维地质建模技术方法有哪些?
4. 利于已学的知识,简要说明三维地质模型的应用优势。

第七章　实例分析：湖北省黄石多要素城市地质调查

第一节　项目概述及区域地质背景

"湖北省黄石多要素城市地质调查"项目是围绕"土地生态环境问题""不良工程地质问题（软土层）""长江沿岸带生态环境保护""环大冶湖水生态环境问题"精准部署的多要素地质调查工作项目，旨在重点查明核心区土地质量现状、工程地质条件、沿江带地质环境条件和环大冶湖水环境现状；同时，在上述工作成果的基础上开展黄石城市三维地质模型建设方案综合研究；最终服务于黄石市大冶湖生态新区发展规划、建设、管理和城市资源可持续利用，支撑服务黄石市大冶湖生态新区生态文明建设。

黄石地处长江中下游南岸，位于湖北省东南部。本次工作区范围为黄石大冶湖生态新区，根据《黄石市城市总体规划（2001—2020）》（2017年修订），具体范围包括大冶湖周边区域，跨越黄石市、大冶市、阳新县，东到长江岸边，西抵武九铁路，南临父子山，北至黄荆山，总面积约为 501.01km^2（图7-1）。

一、基础地质

工作区位于扬子准地台下扬子台褶带西端大冶凹褶断束内，处于北西向襄（樊）-广（济）断裂、近东西向毛铺-两剑桥断裂、北东向麻（城）-团（风）断裂3条断裂所围限区的中东部（图7-2）。区内构造比较发育，地层发育齐全，岩浆岩不发育。

1. 地层

区内地层分区主要属于扬子区下扬子分区大冶小区。地层出露较全，自中上寒武统至第四系均有出露，仅缺失中下泥盆统及下石炭统。

三叠系层位出露齐全，主要有下三叠统大冶组（T_1d）、中下三叠统嘉陵江组（$T_{1-2}j$）和中三叠统蒲圻组（T_2p），岩性多样，大冶组和嘉陵江组岩性主要为碳酸盐岩，蒲圻组主要为粉砂岩和泥质粉砂岩等。三叠系多沿褶皱翼部呈带状东西向展布。

侏罗系区内零星分布香溪群—花家湖组（$T_3J_1x—J_2h$），岩性主要为页岩、粉砂质页岩、白色黏土岩、泥质粉砂岩等。沿河口一带的长江边呈北西向带状展布，构成褶皱的翼部。

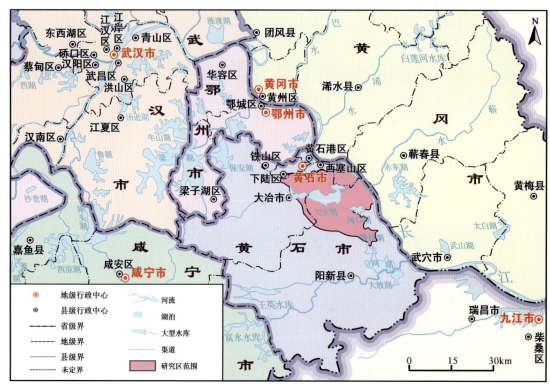

图 7-1 工作区范围图

白垩系—新近系区内大范围出露公安寨组(K_2E_1g),岩性主要为紫红色砾岩、泥质粉砂岩。在区内主要分布于环大冶湖,构成大冶湖向斜的核部。

第四系主要包括第四系洪积物、冲积物、残破积及湖积层。

全新统冲积层主要分布在长江沿岸,由砂砾石、一般黏性土及少量淤泥质土组成,厚度一般不大于30m;冲洪积层主要分布在沟谷与黄荆山和父子山山前地带,由中上更新统网纹状红土(老黏土)、全新统一般黏性土(局部夹砂性土或淤泥质土)组成,厚度一般不大于20m;残坡积层出露在岗垅缓丘地带,由中上更新统红黏土(母岩为碳酸盐岩,属高压性土)、全新统一般黏性土组成,厚度一般不大于10m;全新统湖积层分布在环大冶湖及海口湖等地区,具多元结构,由一般黏性土、砂砾石和淤泥质土组成,厚度一般不大于15m。

2. 断裂构造

区内断裂构造十分发育,主要包括北西西—近东西向、北北东向、北北西向、北东东向4个方向的断裂构造。

3. 褶皱构造

区内褶皱构造比较发育,规模比较大的有大冶复式向斜、保安-汪仁复式背斜等,次级褶皱有父子山向斜。

第七章 实例分析：湖北省黄石多要素城市地质调查

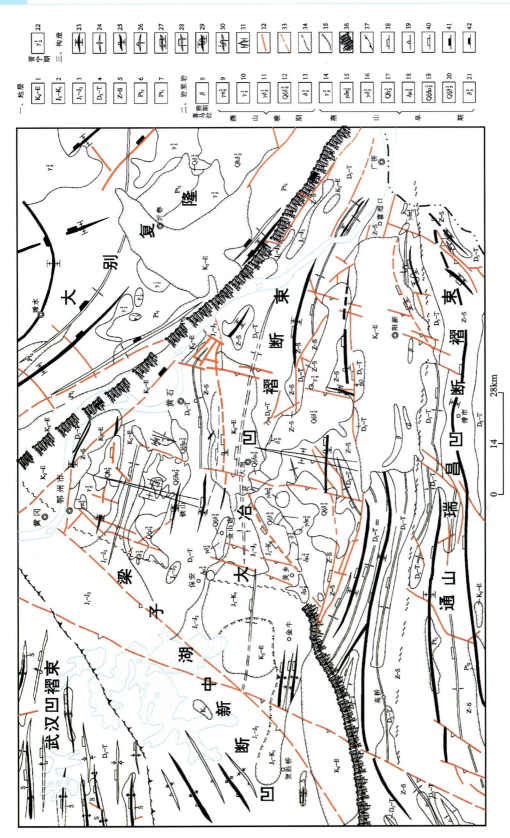

图7-2 工作区构造纳要图

1.上白垩统—第三系；2.上侏罗统—下白垩统；3.下—中侏罗统；4.上泥盆统—三叠系；5.震旦系；6.新元古界；7.古元古界；8.喜马拉雅期玄武岩；9.花岗斑岩；10、14、22.花岗斑岩；11、16.花岗闪长岩；12.闪长斑岩；13、21.闪长岩；15.花岗闪长斑岩；17.石英二长岩；18.闪长正长岩；19.石英正长斑岩；23.背斜；24.向斜；25.倒转背斜；26.平卧背斜；27.平卧向斜；28.背斜；29.向形；30.向斜；31.鼻状背斜；32.实测断裂；33.推测断裂；34.整合界线；35.不整合界线；36.构造单元界线；37.中生代盆地边界；38.喜马拉雅期构造；39.燕山期构造；40.印支期构造；41.晋宁期构造；42.大别期构造

二、水文地质

根据地下水赋存的含水岩类岩性、储水空间形态和水力性质,将规划区内地下水分为四大含水岩类,即为第四系松散孔隙含水岩类、碎屑岩裂隙含水岩类、碳酸盐岩含水岩类、岩浆岩风化裂隙含水岩类。

三、工程地质

1. 坚硬厚层状强岩溶化岩性组

坚硬厚层状强岩溶化岩性组由中上寒武统($\in_{2-3}$)、奥陶系(O)、中—上石炭统(C_{2-3})、下二叠统(P_1)、下三叠统大冶组第二至第七岩性段(T_1d^{2-7})组成。岩性主要为灰岩、白云质灰岩、燧石结核灰岩、白云岩、生物碎屑灰岩。岩溶发育程度中等,一般为中厚—块状完整结构,局部呈"架空结构"。岩石致密坚硬,力学强度高,新鲜岩石单轴抗压强度多在 50MPa 以上。

由该岩组组成的高陡边坡有可能产生崩塌,第四系覆盖区有可能产生岩溶塌陷,地下工程建设过程中有可能产生突水。

2. 坚硬较坚硬中至厚层状强至中等岩溶化灰岩泥灰岩夹软质页岩岩性组

坚硬较坚硬中至厚层状强至中等岩溶化灰岩泥灰岩夹软质页岩岩性组由下二叠统(P_2)、下三叠统大冶组第一岩性段(T_1d^1)、中三叠统蒲圻群(T_2P)组成。岩性主要为泥质灰岩、燧石条带灰岩、白云岩、页岩、硅质岩、粉砂岩。岩溶不发育,强度不均一,软硬相间,贯通性裂隙发育,多呈层状碎裂结构。

该岩组中的页岩、泥岩及煤层,为原生软弱工程地质层,由这些软层组成的顺向坡或斜切坡有可能产生滑坡灾害,地下工程建设过程中有可能产生冒顶或片帮。

3. 坚硬至较坚硬层状砂砾岩岩性组

坚硬至较坚硬层状砂砾岩岩性组由上泥盆统(D_3)和上白垩统—古近系公安寨组(K_2E_1g)砂岩、石英砂岩、砂砾岩组成。新鲜岩石单轴抗压强度一般为 30~100MPa,工程地质性质良好。但上泥盆统裂隙较发育,高陡斜坡有可能产生崩塌灾害。

4. 软硬相间层状砂岩泥岩互层岩性组

软硬相间层状砂岩泥岩互层岩性组由上三叠统鸡公山组(T_3j)、中—下侏罗统(J_{1-2})、上侏罗统灵乡群(J_3L)组成。岩性复杂,软硬相间,以页岩、长石石英砂岩、黏土岩为主,且下侏罗统夹有含煤软弱层。岩石风化强烈,浅部节理密集发育,遇水易泥化,易产生顺层滑移,地下工程易冒塌。

5. 较坚硬至软弱层状砂页岩岩性组

较坚硬至软弱层状砂页岩岩性组由志留系地层组成,以泥质粉矿岩、页岩为主,局部夹细粒石英砂岩。岩石力学强度较低,层理、页理及浅部风化裂隙发育,易产生顺层滑移及风化层滑塌。

6. 岩浆岩工程地质岩类

岩浆岩工程地质岩类由燕山期中酸性侵入体组成,岩性为石英闪长岩,分布于工作区东南角靠近陶港镇一带。新鲜岩石致密坚硬,岩石单轴抗压强度一般在100MPa以上,工程地质性质较均一。但浅部风化带及接触带附近岩石较破碎,地下工程建设过程中有可能产生片帮或冒顶。

7. 松散土体工程地质岩类

按土体的颗粒级配、沉积环境及基本工程地质性状,本区土体可分为两类,即松散性土类、黏性土类。

(1) 松散性土类:砂土主要分布在长江沿岸,以细砂为主,粉砂与中砂次之,局部夹有透镜状砂砾石或淤泥,松散至中密,压缩性较低,透水性好,丰水期沿江地带易产生管涌。

(2) 黏性土类:主要由冲积、冲洪积、湖积、冲湖积黏土、亚黏土组成,分布于长江沿岸、湖滨及山间洼地,属中偏高压缩性土体。因局部夹有淤泥质软土,故有可能引起地面建筑不均匀沉降。

四、环境地质

1. 地质灾害

工作区内地质灾害是由自然地质作用和城市建设、土地与矿产资源开发、交通建设等人为工程活动引发的,最多则是矿山开采造成的。地质灾害主要表现为崩塌(危岩)、滑坡(图7-3)、地面塌陷(图7-4)等。最新统计数据表明,工作区内发生矿山地质灾害24次,累计直接经济损失达2396.2万元。

图7-3 矿山滑坡(袁仓煤矿)

图7-4 煤采空区地面塌陷

2. 软土不均匀沉降

工作区内最突出的地质问题是软土不均匀沉降。软土主要分布于大冶湖周边,主要由第四系冲湖积、冲洪积物组成。工作区软土地基承载力较低,常为不良工程地质层。软土层由于欠固结软土(淤泥、淤泥质土)在自重或者附加荷载作用下排水固结而发生的地面不均匀沉降,造成地面标高损失、雨季地表积水、防泄洪能力下降,也导致城市建筑物基础下沉脱空开裂、桥梁净空减少、混凝土地面开裂、围墙开裂和城市供水及排水系统失效等问题。

软土不均匀沉降曾为湖北省地质局第一地质大队带来巨大损失。该单位出资建设的湖北（黄石）地质博物馆（位于大冶湖北岸）在工程施工过程中，由于软土问题导致工程返工并延期。受软土体触变、流变的影响，本已全部打入基岩的大量桩基出现了截断、歪斜、挤歪现象（图7-5），甚至导致承台变形破裂（图7-6）等。软土问题极大地增加了工程造价。

图7-5 钢板桩挤压变形

图7-6 软土导致承台被破坏

同样，工作区内的软土不均匀沉降造成了不同类型建筑的变形。2018年黄石市城市地质调查结果表明，因软土不均匀沉降造成了矿博园—地质馆—市民之家一带出现道路变形（图7-7）、下水管道拉断（图7-8）及墙面开裂（图7-9）等现象。

图7-7 矿博园路面不均匀沉降

图7-8 地面沉降导致下水管道拉断

图7-9 地面沉降导致墙面开裂

3. 矿山地质环境问题

黄石市各大矿区长期的采矿活动不可避免地对矿山地区地质环境造成了一定影响与破坏。黄石市矿山地质环境调查和有关研究成果表明,矿山地质环境问题集中为地质灾害、资源损毁、环境污染三大类。地质灾害主要为崩塌、滑坡、泥石流、地面塌陷;资源损毁主要有土地资源损毁、地下水资源衰减、自然景观损毁;环境污染主要有水、土壤、大气污染。

五、城市地质资源

(一)土地资源

根据《黄石市国土资源公报(2017)》,2017年末大冶湖生态新区土地总面积为501.01 km²,其中农用地为305.01 km²,占土地总面积的60.89%;建设用地面积为94.27 km²,占土地总面积的18.81%;其他土地面积为101.73 km²,占土地总面积的20.30%。

(二)水资源

根据《黄石市水资源公报(2017)》,2017年全市平均降水深为1 668.2 mm,折合年降水量为75.95亿 m³。

黄石市地表水资源量为44.58亿 m³,地下水资源量为9.47亿 m³,地表水资源量与地下水资源量间不重复计算量为1.02亿 m³,水资源总量为45.60亿 m³。人均水资源占有量为1846 m³,亩均水资源占有量为3301 m³。

水资源资料总体状况稳定,基本能够满足人们生活的需要,重点水域污染治理工作进行使水质逐步改善。

(三)清洁能源

1. 浅层地温能

根据《湖北省主要城市浅层地温能开发区1:5万水文地质调查评价报告》,黄石市浅层地温能现状如下。

(1)黄石市浅层岩土层地温为18~21℃,温度适中,气候夏热冬冷,经济社会发展迅速对能源的需求大,适宜开发利用浅层地温能。

(2)调查评价区浅层地温能开发利用适宜区和较适宜区面积为5.94 km²,占调查面积的3.20%;地埋管浅层地温能开发利用较适宜和适宜区面积为158.06 km²,占调查面积的85.20%。

(3)调查评价区浅层地温能开发利用适宜区和较适宜区200 m以浅的浅层地温能单位温度热容量为$8.86×10^{13}$ kJ,约合标准煤504.49万 t;100 m以浅的浅层地温能单位温度热容量为$4.61×10^{13}$ kJ,约合标准煤262.76万 t。

(4)黄石市地下水地源热泵系统适宜区和较适宜区面积为5.94 km²,夏季制冷工况下换热功率为$1.81×10^4$ kW,冬季供暖工况下换热功率为$9.07×10^3$ kW,可利用资源量为$1.29×10^{11}$ kJ,折合标准煤0.74万 t;地埋管地源热泵系统适宜区和较适宜区面积为158.06 km²,以

100m 深度计算,夏季制冷工况下换热功率为 1.39×10^6 kW,冬季供暖工况下换热功率为 1.16×10^6 kW,可利用资源量为 1.17×10^{13} kJ,折合标准煤 66.84 万 t。

(5)黄石市地下水浅层地温能资源夏季可制冷面积为 23.4 万 m^2,冬季可供暖面积为15 万 m^2;地埋管浅层地温能资源夏季可制冷面积为 1740 万 m^2,冬季可供暖面积为 1990 万 m^2。

目前,黄石地区已有部分生活小区(黄石大桥一品园一期、二期)已开发利用浅层地温能作为空调系统。

2. 地热资源

根据初步调查及资料的分析,黄石地区地热资源属于上古生界—中生界碳酸盐岩断裂带岩溶裂隙低温地热资源。在黄石市西南郊的胡家湾煤矿和黄石市南面的汪仁镇章畈村一带发现了两条热异常带,市区及市郊也有水温和水质异常现象。

汪仁镇章畈村热异常带位于章山西南,西北距汪仁镇 1.5km,北离黄石市区 17km,南距大冶湖 2km,较明显的温泉有 3 处,即 61 号泉、62 号泉、70 号泉,为沿北北东方向排列。根据以往观测结果,61 号泉水温为 36.5~37℃,62 号及 70 号泉水温较低。由于出露面积较大,泉水出露后排泄不畅,难以获得真实水温,造成了水温随气温变化而变化的假象。根据野外特征判断,热水可能赋存于寒武系、奥陶系碳酸盐岩层内。该热水在水化学成分上与胡家湾煤矿热水具有共性,具有 TDS 高、硬度大、富含 SO_4^{2-} 的特征。

该地区的章山温泉属地热资源温度分级标准"低温热水资源"中的温水级。自然水位高出地表2.5m,涌水量在 542.5 m^3/d 以上,地下水资源丰富。

四、地质资源

工作区内地质资源包括金属矿产、非金属矿产、能源矿产和地质遗迹资源。

1. 金属矿产

工作区内金属矿产有金、铜、铁、铅、锌、银、钼 7 种,主要分布于下陆区和铁山区,如黄石市凤梨山铅锌矿区、黄石市铁山铁矿区等。

2. 非金属矿产

工作区内非金属矿产有建筑石料用灰岩、水利用灰岩、水泥配料用黏土、熔剂用灰岩、水泥配料用砂岩、页岩 6 种,主要分布于黄荆山脉和阳新县韦源口镇,如大冶市曾家湾石灰岩矿区、阳新县下纬山石灰石矿区、阳新县北峰山砂页岩区等。

3. 能源矿产

工作区内能源矿产有煤炭、地热两种。煤炭资源主要分布于工作区东北部道士袱附近以及大冶湖南东岸七约山附近,如黄石市道士袱煤矿,阳新县七约山煤矿,黄石市红星、东方红、红旗、东井煤矿区等。地热资源主要分布于汪仁镇章山断裂带及胡家湾矿区附近,如湖北省黄石市胡家湾地热田。

4. 地质遗迹

工作区内地质遗迹资源丰富，共13处，主要分布在汪仁镇和西塞山附近，包括基础地质和地貌景观两个大类，可进一步分为4个小类，分别为：①构造剖面（遗迹）类，如章山断裂带；②重要化石产地类，如章山奥陶纪腕足类化石产地；③岩土体地貌类，如草甸山喀斯特地貌、西塞山喀斯特地貌、飞云洞喀斯特地貌、父子山喀斯特地貌；④水体地貌类，如长江黄石北段、磁湖、大冶湖、飞云瀑布、章山温泉、胡家湾矿坑地下热水、圣水泉。

第二节 专题一：土地质量与绿色发展

通过开展黄石大冶湖生态新区（核心区）土壤地球化学调查，查明了核心区土壤中重金属元素的含量及分布特征，对土地进行了环境质量评价；在大冶湖生态新区内布设两条综合性剖面，通过垂向不同深度和沿剖面走向进行了不同地貌、不同土地利用类型取样测试分析，以此来推断规划区内元素的分布特征和迁移规律；在核心区平面和垂向上（从工程地质钻孔中采集土壤样品）取样，对核心区内农用地、建设用地等不同利用类型的土地进行土壤地球化学调查，查明了核心区土壤中重金属元素的含量与空间分布特征；分析了土壤中元素来源、迁移、转化等特征，为规划区生态环境改善和保护提供了科学依据。

一、土地质量现状

2018年，湖北省地质局第一地质大队在大冶湖生态新区（核心区）开展1:1万区域多目标地球化学调查。核心区面积为22km²，按平均布设密度为10.95点/km²取样，分析As、Cd、Pb、Cu、Zn、Cr、Ni、Hg八种元素（图7-10～图7-17）。本次采集样品为自地表向下20cm的表层土壤，基本查清了核心区表层土壤的元素背景特征、异常特征和空间分布特征。

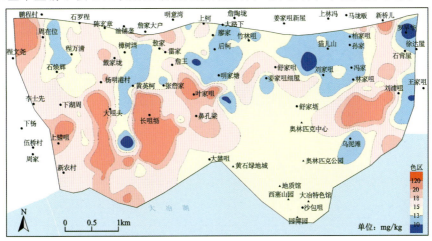

图7-10 表层土壤As元素地球化学图

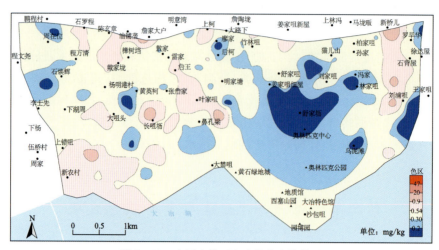

图 7-11 表层土壤 Cd 元素地球化学图

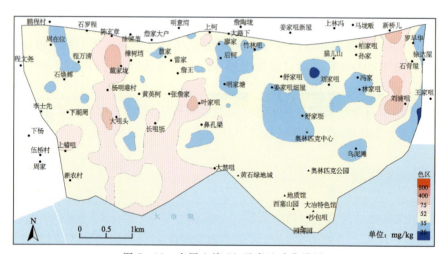

图 7-12 表层土壤 Pb 元素地球化学图

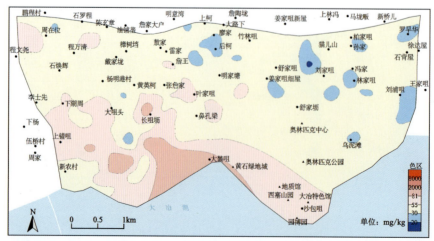

图 7-13 表层土壤 Cu 元素地球化学图

第七章 实例分析：湖北省黄石多要素城市地质调查

图 7-14 表层土壤 Zn 元素地球化学图

图 7-15 表层土壤 Cr 元素地球化学图

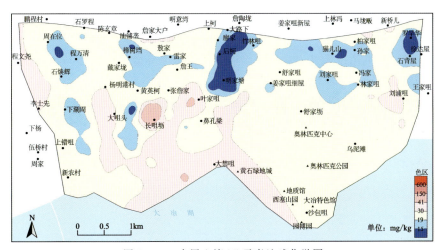

图 7-16 表层土壤 Ni 元素地球化学图

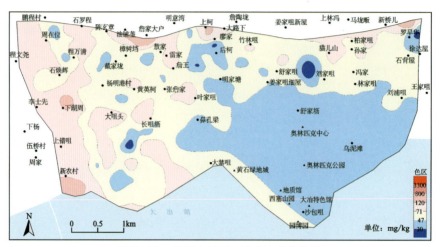

图 7-17 表层土壤 Hg 元素地球化学图

二、土地质量评价

1. 单因子指数法

通过单因子评价,可以确定主要的重金属污染物及其危害程度,一般以污染指数来表示,以重金属含量实测值和评价标准相比除去量纲来计算污染指数 P_i,公式如下:

$$P_i = \frac{C_i}{SI} \tag{7-1}$$

式中,P_i 为 i 重金属元素的污染指数;C_i 为重金属含量实测值;SI 为土壤环境质量标准值。单因子指数污染分级标准见表 7-1。

表 7-1　土壤单项污染程度分级标准

综合指数	$P_i \leqslant 1$	$1 < P_i \leqslant 2$	$2 < P_i \leqslant 3$	$P_i > 3$
环境质量分区	非污染	轻污染	中污染	重污染

本次研究采用一类建设用地土壤风险筛选值作为土壤环境质量标准。各重金属元素单因子指数评价结果如图 7-18 所示。

根据 As 单因子评价结果(图 7-18a)可以看出,核心区整体环境质量较好,唯有上错咀以北、大咀头以西、刘浦咀以南属于轻污染,而长咀坜达到重污染。根据 Ni、Cd、Cu、Pb、Hg 单因子评价结果($P_i \leqslant 1$,图 7-18b)可以看出,核心区整体土壤环境质量好,均无污染。因此,整体来看研究区 As 污染一般,其余元素按规范对比没有污染,核心区整体环境质量好,适宜作为工程建设用地。

2. 内梅罗综合污染指数法

单因子指数只能反映各个重金属元素的污染程度,不能全面地反映土壤的污染状况,而内梅罗综合污染指数兼顾了单因子污染指数的平均值和最高值,可以突出污染较重的重金属污

第七章 实例分析:湖北省黄石多要素城市地质调查

图 7-18 核心区重金属元素单因子评价图

染物的作用。内梅罗综合污染指数法在土壤环境评价中可以兼顾研究区域重金属元素极值,也可以突出研究区重金属元素最大值的计权型多因子。内梅罗综合污染指数计算公式如下:

$$P_{综} = \sqrt{\frac{(\overline{P})^2 + P_{i\max}^2}{2}} \quad (7-2)$$

式中,$P_{综}$ 为采样点的综合污染指数;$P_{i\max}$ 为 i 采样点重金属污染物单项污染指数中的最大值;$\overline{P} = \frac{1}{n}\sum_{i=1}^{n} P_i$ 为单因子指数平均值。内梅罗综合污染指数的分级标准见表 7-2。

利用内梅罗综合污染指数法,对核心区重金属元素进行分级计算,结果如图 7-19 所示。大部分地区均没有污染,面积约 21.734km²,占整个研究区的 98.791%。其中,清洁区域为 18.074km²,占整个研究区的 82.155%;尚清洁区域为 3.66km²,占整个研究区的 16.636%。污染区域主要集中在长咀坽周围,占整个研究区的 1.209%,其中轻污染区域约为 0.2607km²,占整个研究区的 1.185%;中污染区域约为 0.0053km²,占整个研究区的 0.024%。研究区无重污染区域分布。

表 7-2 土壤综合污染程度分级标准

土壤综合污染等级	土壤综合污染指数	污染程度	污染水平	污染程度占比(%)
1	$P_{综} \leq 0.7$	安全	清洁	82.155
2	$0.7 < P_{综} \leq 1.0$	警戒线	尚清洁	16.636
3	$1.0 < P_{综} \leq 2.0$	轻污染	污染物超过起初污染值,作物开始污染	1.185
4	$2.0 < P_{综} \leq 3.0$	中污染	土壤和作物污染明显	0.024
5	$P_{综} > 3.0$	重污染	土壤和作物污染严重	0

图 7-19 核心区重金属内梅罗综合污染指数评价图

三、绿色发展对策

随着城镇化和工农业现代化步伐加快,城乡人口不断增长,各种各样的人类活动如交通运输、工业排放、市政建设、大气沉降、矿山开采与冶炼、滥施化肥、污水排放、污泥农用等,将含重金属的污染物排放入土壤,造成重金属元素在土壤中累积,并通过大气、扬尘、水体、食物链直接或者间接威胁人类的健康甚至生命。因此,研究土壤中重金属污染特征并采取防治措施对保障人们的生活健康至关重要。

核心区土壤重金属污染程度低,大部分地区(21.734 km²)均没有污染,仅在长咀坳(0.266 km²)附近达到轻污染和中污染。因此,核心区土壤质量基本处于优良状态,大部分地区土壤无需处理,以预防污染为主,局部污染地区开展场地调查,为打造大冶湖两岸湖城共生的"城市金叶"和"生态绿叶"服务。

(1)周在位—石背屋—园博园的核心区主体部位(①,图 7-20):污染程度为安全,污染水平清洁,以预防为主。

(2)刘浦咀以南乌泥滩以北(②,图 7-20):污染程度为警戒线,污染水平尚清洁,需开展场地调查。

(3) 叶家咀—鼻孔梁(③,图7-20):污染程度为警戒线,污染水平尚清洁,以预防为主。
(4) 大咀头(④,图7-20):污染程度为警戒线,污染水平尚清洁,需开展场地调查。
(5) 长咀坂(⑤,图7-20):污染程度为轻污染和中污染,需开展场地调查。

图7-20 核心区土壤质量现状及防治对策建议

第三节 专题二:地质环境与规划建设

以服务黄石大冶湖生态新区(核心区)可持续发展为宗旨,紧密围绕城市发展需求和面临的主要城市地质问题,本次开展了地质环境适宜性调查工作,以最大限度地实现城市建设与地质环境的优化配置,指导黄石大冶湖生态新区(核心区)建设用地布局,评价核心区建设用地地质环境适宜性,为大冶湖生态新区(核心区)的规划、新型城镇化建设管理和下一步的国土空间规划中的城镇建设适宜性提供地学依据。

一、地质环境问题

根据湖北地震史料汇编部门提供的资料,大冶地区历史上未见有强震分布。根据国家地震局《中国地震烈度区划图》(GB 18306—2015),大冶地区为地震烈度Ⅵ度区,属地壳相对稳定区。

核心区南部原为大冶湖,现已为人工围湖,但下部存留大量淤泥质黏土。淤泥质黏土具有触变性、流变性、高压缩性、低强度、低透水性等特点,故而地基承载力较低,在长期荷载作用下会产生侧向滑动、沉降或基础下土体挤出等现象,还会发生缓慢而长期的剪切力变形,对建筑物地基沉降有较大影响。近年来,随着大冶湖岸线周边地区土地开发不断强化,工业生产、农业灌溉以及生活污水对大冶湖的环境造成了一定的影响,同时也改变了湖泊外围的径流体系,使湖泊蓄容能力及水体面积不断缩小,加之人工围湖,这些均增大了洪水淹没可能性。

二、建设用地适宜性评价

经相关专家讨论,选取洪水淹没可能、地基承载力状况、特殊性岩土厚度、基岩埋深和土壤环境质量5个评价指标因子作为重要因子,重要因子等级划分见表7-3,核心区建设用地评价结果如图7-21所示。

表7-3 核心区重要因子及其等级划分

重要因子		地质环境质量状态分级				备注
		适宜	较适宜	基本适宜	适宜性差	
水文	洪水淹没可能	无洪水淹没,或用地标高高于设洪防标高	洪水淹没深度或用地标高低于设洪防水位(<0.5m)	洪水淹没深度或用地标高低于设洪防水位(0.5~1.0m)	洪水淹没深度或用地标高低于设防洪水位(>1.0m)	《城乡规划工程地质勘察规范》(CJJ 57—2012)
工程地质	地基承载力 f_a/kPa	>200	150~200	80~150	<80	《住宅设计规范》(GB 50096—2011)、《城乡规划工程地质勘察规范》(CJJ 57—2012)
	特殊性岩土厚度/m	<3	3-7	7-15	>15	《城市用地分类和规划建设用地标准》(GBJ 137—90)
	基岩埋深/m	<3	3~10	10~20	>20	周爱国等,2008
土壤条件	土壤环境质量	好	较好,可不处理	一般,可修复	差,不可修复	《城市规划工程地质勘察规范》(CJJ 57—2012)、《土壤环境质量 农用地土壤污染风险管控标准(试行)》(GB 15618—2018)

1. 适宜区

该区在核心区内广泛分布,主要分布在核心区西部和北部广大地区,面积约为13.4km²,约占核心区面积的60.91%。该区地形较为平坦,除东南部地区及极个别地区软土较薄和基岩埋深一般不足8m,大棋路沿线基本未见软土,地基承载力相对较高,5m深度切面承载力一

第七章 实例分析:湖北省黄石多要素城市地质调查

图7-21 大冶湖生态新区(核心区)建设用地地质环境质量W值模型评价分区图

般在120kPa以上,10m深度切面承载力皆在200kPa以上,一般为300~500kPa,适宜建设多层及以上建筑。

2. 较适宜区

较适宜区分布在适宜性差—基本适宜区外围广大区域,集中分布在核心区东侧、东南侧,面积约为4.2km²,约占核心区面积的19.09%,软土相对较厚,厚度一般在8~10m之间,且分布不均,5m深度切面承载力一般在100kPa左右,不易作为高层建筑用地,部分已建区域出现了不同程度的变形。

3. 基本适宜区

基本适宜区集中分布在新桥儿以南、乌泥滩以北、沙包咀西北部及下湖周—大咀头—长咀坜以南地区,面积约为3.3km²,约占核心区面积的15.00%,软土相对较厚,厚度一般在8~14m之间,基岩埋深为10~20m,乌泥滩附近软土厚度及基岩埋深均为全区最厚,5m深度切面承载力一般在100kPa左右,部分地区土壤中As和Co含量高于一类用地筛选值。

4. 适宜性较差区

适宜性较差区面积约为1.1km²,约占核心区面积的5.00%,集中分布在下湖周—上错咀一线以东地区及大咀头—长咀坜一线以南地区,与周围的基本适宜区呈过渡接触关系。该区域海拔高度较低,洪水淹没可能较高,5m地基承载力一般多在80~120kPa之间,土壤中As和Co含量介于一类用地筛选值和管制值之间,易作为绿化用地,或经过详细调查或风险评估后对其适宜性重新分类。

三、规划建议

(一)地质环境适宜性与建设现状协调性分析

大冶湖生态新区(核心区)目前已建区位于兴隆咀港东部(简称东区),面积约为 8.6km²,西区多未建设,以农用地及村落为主,现以已建区(东区)为例进行详述(图 7-22)。在建设用地地质环境适宜性评价结果的基础上,结合人类工程建设活动与地质环境的相互匹配和影响程度进行分析,对建设用地地质环境适宜性与已建区用地进行协调性分析,并为未来西区规划建设提供相应依据。

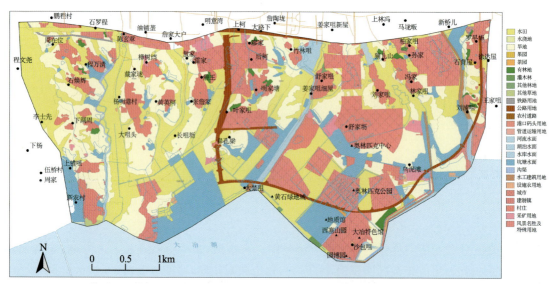

图 7-22 大冶湖生态新区(核心区)土地利用现状分布图

根据大冶湖生态新区(核心区)土地使用规划方案,规划区基本分为二类居住、行政办公、商业金融、体育设施、文化娱乐、医疗卫生、教育科研、二类工业、仓储物流、交通设施、市政设施、公共绿地、防护绿地、旅游用地、混合用地和其他用地等,通过上对工程建设规模、活动强度和对地质环境质量的要求及影响分析,可将规划区内的各类用地大致分为 3 个大类,见表7-4。

表 7-4 大冶湖生态新区(核心区)用地分类表

类别	主要用地性质	建设规模	工程活动强度	对地质环境质量要求和影响
A	二类居住、行政办公、商业金融、体育设施、文化娱乐、医疗卫生、教育科研	大	大	大
B	二类工业、仓储物流	中	中	中
C	交通设施、市政设施、公共绿地、防护绿地、旅游用地	小	小	小

在建设用地适宜性分区评价的基础上,考虑到规划用地建设规模、工程活动强度、对地质

第七章 实例分析:湖北省黄石多要素城市地质调查

环境质量要求和影响等因素,本着因地制宜、可持续发展、合理利用和开发地质环境的原则,最大限度地减少地质环境对工程建设活动的影响等原则,对大冶湖生态新区(核心区)建设用地地质环境适宜性与未来规划利用的协调性进行分析和评价,建立了适宜性与建设规划协调分级标准表,见表7-5。

表7-5 核心区不同建设用地地质环境适宜性与建设规划协调性分级标准

用地类别	地质环境适宜性分区			
	适宜区	较适宜区	基本适宜区	适宜性差区
A	良好	较好	一般	差
B	较好	良好	一般	差
C	一般	较好	良好	

根据表7-6,大冶湖生态新区(核心区)建设用地地质环境适宜性与未来建设规划的协调性可分为3类,即协调性良好区、协调性较好区、协调性一般区。

表7-6 大冶湖生态新区(核心区)建设用地地质环境适宜性与建设规划协调性分区表

分区	分布范围	特性
协调性良好区	在核心区内广泛分布,主要分布在黄石市奥林匹克体育中心—庆洪路以北大部分地区	本区主要为建设适宜区;核心区东区整体适宜性略差,而北部较南部明显偏好,因此在东区北部规划为A类用地较合适,故协调性良好
协调性较好区	矿博园—地质馆—市民之家一线以北至奥林匹克体育中心地区及园博园以南地区	东区中部为工程建设较适宜区,适宜进行低层建筑的建设;在东区南部临湖地区修建人工湖,旅游绿地较适合
协调性一般区	矿博园—地质馆—市民之家及以南地区	本区多为工程建设基本适宜区,不宜修建高程建筑,多规划为绿化用地、旅游用地及其他用地较为适合

1. 协调性良好区

协调性良好区在核心区内广泛分布,主要分布在黄石市奥林匹克体育中心—庆洪路以北大部分地区。面积约占核心区面积的53%。本区主要为工程建设适宜区,多规划或已建设为二类居住、体育设施、文化娱乐、医疗卫生、教育科研等对地质环境质量要求相对较高的用地类型,因此协调性良好。

2. 协调性较好区

协调性较好区矿博园—地质馆—市民之家一线以北至奥林匹克体育中心地区(除乌泥滩外)及园博园以南地区,面积约占核心区面积的32%。其中,矿博园—地质馆—市民之家一线以北至奥林匹克体育中心地区(除乌泥滩外)为工程建设较适宜区,适宜进行低层建筑的建设,如工业、仓储物流、普通民用住宅等规划用地多为此类;在东区南部临湖地区(园博园及其以南)为基本适宜—适宜性较差区,修建人工湖可绿化环境。旅游用地由于美观且能抵御洪水,因此协调性为较好。

3. 协调性一般区

协调性一般区主要分布在矿博园—地质馆—市民之家一带,面积约占核心区面积的15%。本区多为工程建设基本适宜—适宜性较差区,地质环境质量较差,作为交通设施、市政设施、公共绿地、防护绿地、旅游用地较为合适。矿博园—地质馆—市民之家及园博园一带已发现不均匀沉降及道路弯曲变形的不良地质现象,因此协调性为一般。

(二)基于地学考虑的优化建议

1. 地质环境总体良好,有利于城市规划建设和发展

(1)大冶湖生态新区(核心区)地处大冶湖北岸,地势较为平坦,地层结构简单,构造比较稳定,区域地壳稳定性好。

(2)大冶湖生态新区(核心区)土壤侵蚀、沙化现象较少,区域水资源丰富,水土环境质量整体较好,尤其在规划区内无机污染物均未超过第一类建设用地的土壤污染风险管制值。

2. 城市规划建设需要重点关注防范 3 个地质问题

(1)大冶湖生态新区(核心区)为软土层(淤泥、淤泥质黏土、粉质黏土)广泛发育的不良工程地质层,不能作为地基的有效持力层,并可能引发软土地面沉降等地质灾害,是工程建设的主要约束条件。该软土层主要分布于地表浅部 0~12m 处,各地厚度不一,最厚处达 15m,西北部软弱黏性土厚度一般不足 4m,向南、向东厚度逐渐增大,尤其在研究区东南部较为发育。需在工程建设中对该软土层予以重视,并采取合适和工作措施。

(2)大冶湖生态新区(核心区)土壤侵蚀现象较少,但由于工程建设活动产生的弃土弃渣现象较多且分布不均。从水土质量上分析,核心区存在局部单指标略高,根据无机土壤和地下水取样测试结果,土壤分析指标异常点均位于西区靠湖区一侧,在六大类重金属和无机物中,只见有部分样品的 Co、As 含量超过《土壤环境质量 农用地土壤污染风险管控标准(试行)》(GB 15618—2018)的筛选值,但均低于管限制(可根据情况进一步进行详查或风险评估)。

(3)大冶湖生态新区(核心区)平均高程不足 19.5m。其中,洪水高安全格局范围具体参考大冶湖防护堤顶平均高程(21.6m),洪水中安全格局范围具体参考 50 年一遇标准最高洪水位标高(15~19.6m);洪水低安全格局具体参考大冶湖沿岸常水位(15.0m)。因此,被洪水淹没的可能性较高。

3. 城市规划地质建议

在城市规划建设过程中,在取得令世人瞩目成就的同时一般也会遇到难以解决的城市地质问题。本专题以黄石大冶湖生态新区(核心区)为研究对象,探索行之有效的方法来解决城市规划建设中出现的地质问题,在进行适宜性评价的基础上,充分分析了工作区建设用地现状,针对主要影响因素提出了不同的建议。

(1)软土发育特征与地面沉降防治建议:大冶湖生态新区(核心区)的软弱黏性土主要为淤泥、淤泥质黏土、粉质黏土,是在大冶湖缓慢或静水沉积环境下沉积形成的,主要分布在姜家咀细屋—刘家咀—刘浦咀以南、明家塘—鼻孔梁以东及戴家坳—大咀头一线,整体呈条带状展布,最厚处(乌泥滩附近)可达 15m。西北部软弱黏性土厚度一般不足 4m,向南、向东厚度逐渐

增大,尤其在研究区东南部较为发育。

大冶湖生态新区(核心区)地质灾害以软土地面沉降型式为主,规模小,分布集中在软土层大于10m的区域,其中在乌泥滩附近及矿博园—地质馆—园博园—市民之家最为典型,是防治的重点。在区内开展规划建设要注重软基不均匀沉降的有效排查和有力监测,针对已建区要进行排查及综合治理,在建区要提出防治措施,未建区要摸清实际情况,具体见表7-7。

表7-7 不同厚度软土处理及地面沉降防治建议表

软土厚度	建设现状	主控因素	软土处理建议	地面沉降防治建议
<3m	已建区	无	根据实际情况采用砂垫层法或开挖换填法,利用渗水性材料(砂砾或碎石)进行置换填土	无
	在建区			
	未建区			
3~7m	已建区	已建工程回填及地基加固程度	根据实际情况采用爆破、夯击、挤压和振动及加入抗剪强度高材料等方法,对软弱土体进行振密和挤密的地基加固	局部监测,观察是否有不均匀沉降出现
	在建区	经岩土勘察提出因地制宜的加固方法		地面沉降观测
	未建区	软土厚度及基岩埋深		地面沉降观测
7~15m	已建区	监测已建工程地基加固程度	根据实际情况,利用堆载预压法提高地基强度	加强监测,局部工程治理
	在建区	经岩土勘察提出因地制宜的加固方法		加强监测,地基处理后应按规范要求进行施工质量检测
	未建区	软土厚度及基岩埋深		加强监测,调整规划布局
15~20m	已建区	软土厚度及基岩埋深	不利于施工建设,会增加施工成本,应根据施工单位详细勘查提出切实可行的处理方案	加强监测,局部工程治理
	在建区			加强监测,地基处理后应按规范要求进行施工质量检测
	未建区			加强监测,调整规划布局

(2)土壤质量优化建议:核心区区域水土污染程度低,水土质量指标基本处于优良状态,建议规划区工程建设继续加强对潜在污染物的有序管理与处理,为打造大冶湖两岸湖城共生的"城市金叶"和"生态绿叶"服务。

针对本次调查存在的水土异常点均位于企业及农田排污及灌溉口,建议对该类各异常点加强排放浓度和总量控制。若具备修复的条件,建议对重金属含量偏高的个别地区采用排土、客土改良或使用化学改良剂以及改变土壤氧化还原条件等方法使重金属转变为难溶物质,降低其活性;对环境质量有影响的有机物点可采用松土、施加碱性肥料、翻耕晒垄、灌水冲洗等措施加以治理。

(3)洪水淹没可能性:根据防护标高、现有主要建设用地和大冶湖沿岸的平均高程来确定洪水淹没的安全格局,可参考大冶湖沿岸常水位(15.0m)。

由于大冶湖沿线湖垸地区台地特征明显,沿湖湖垸众多,水系复杂,这对生态保护提出了较高要求。核心区位于大冶湖北岸,在建设中可利用靠近水面地区的区段地势平缓特点,进行人工垫高地势,提高防护提高度,但核心区部分地区高程不足15m,加之大冶湖容积近几十年迅速减少,随着城市化进程的不断加快,不透水地面比例也有不断增长的趋势。增大城市雨水排水系统的管径,以增加在强降水或长时间连续性降水条件下的输水能力,并在外围扩展水面形成人工湖,在研究区东区尤为重要。这样不仅可以打造湖泊景观,同时也可提高大冶湖生态新区的滞洪能力。

(4)规划建议用地适宜性评价与建议:大冶湖生态新区(核心区)建设用地地质环境适宜性评价初步结果显示,较适宜及以上区域面积为 $16.2km^2$。从工程建设地质安全性角度讲,区内土地能满足规划用地要求,在考虑了地质因素后,需做好统筹规划与合理利用。

通过建设用地地质环境适宜性分级评价,充分掌握核心区建设用地地质现状,建议在规划建设开展过程中优先考虑所处地质环境适宜性评价结果,有的放矢地开展各类规划和建设活动。为相关单位能更好应用评价结果,本次绘制了大冶湖生态新区(核心区)城市规划建设地质建议图和适合规划建设用地类型分布见表7-8和图7-23。

表7-8 基于优化利用评价的适合规划建设用地类型分布表

评价	分布区域	地质条件	地质问题
适宜重型高层建筑用地	在研究区西部、北部地区,是区内分布最广的类型之一,主要分布在詹家大户—雷家—叶家咀—明家塘—林家咀以北	多位于残丘、岗地,地层平缓,地基承载力较高,无或薄层软土,基岩埋深浅,地下水影响微弱,地质灾害强度极低,水土质量较好	基本不存在工程建设面临的地质问题
适宜普通民用工业建设用地	主要分布在核心区东侧舒家坂、鼻孔梁、刘浦咀一带及西北侧樟树垱—戴家垅—大咀头、樟树垱等地	多位于向湖区过渡地带,地层较缓,软土厚度在3~10m之间,不均匀分布,水文地质工程地质条件整体上较好,地质灾害强度低	发生小型地质灾害、局部软土层较厚,个别As、Co略超筛选值
适宜其他用地	核心区东侧基本适宜区,多为工程建设区,集中在矿博园—地质馆—园博园—市民之家、黄石绿城、乌泥滩、石背屋以北等地;西侧基本适宜区为下湖周—大咀头—长咀坂以南地区	多位于东南部沿湖地带,软土层较厚,地基承载力较低,高程不足15m,地下水位较浅。水文地质工程地质条件一般,西侧基本适宜区土壤中As、Co含量高于筛选值	已建区:部分建筑物和道路出现不均匀沉降和变形
			在建区/未建区:软土层较厚,发生地面沉降概率较高,部分地区高程低于大冶湖沿岸常水位(15m),重金属高于筛选值的地区应根据实际情况进行风险评估
适宜生态绿地	集中分布在下湖周—上错咀一线以东地区及大咀头—长咀坂一线以南,以及乌泥滩、新桥儿附近地区	洪水淹没可能较大,软土层较厚,局部达16m以上,基岩埋深达20m,地基承载力低,部分地区土壤有被影响的潜在风险	已建区:部分建筑物和道路出现不均匀沉降和变形
			未建区:软土层较厚,基岩埋深较深,大部分地区高程低于大冶湖沿岸常水位(15m),个别地区As、Co略超筛选值

第七章　实例分析：湖北省黄石多要素城市地质调查

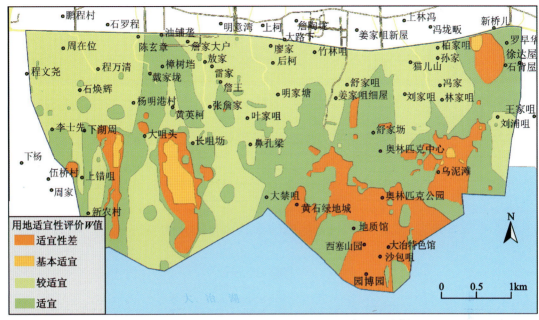

图7-23　大冶湖生态新区（核心区）城市规划建设地质建议图

第四节　专题三：水体质量与环境保护

本项目研究区主要涉及的地表水体为大冶湖和海口湖。

研究区范围内大冶湖面积为 $1016km^2$，大冶湖以铁路大桥为上边界，直至汇入长江。通过调查，研究区范围内汇入大冶湖的主要支流有14条，其他排污（水）口1个。为全面掌握研究区范围内大冶湖的水质情况，拟在支流汇入区、排污（水）口区、深水区、浅水区、湖心区、岸边区布设监测点，约48个。通过调查发现，大冶湖浅水区（湖岸边）水深为1~3m，深水区（湖心等）水深大于10m。考虑深水区垂线上温度等因素的差异，拟在深水区进行分层采样，分别在湖面下0.5m、水底上0.5m处取样，浅水区仅在湖面下0.5m处取样。

海口湖面积为 $11.1km^2$，位于研究区范围内。海口湖主要用于种植养殖，周边主要是农田、绿地等，无集中住宅区。拟采用均匀布点方式布设采样点8个，且不考虑分层取样均取湖面下0.5m的水样。

一、大冶湖水体质量分区与评价

1. 丰水期、枯水期地表水质量评价

采用改进的内梅罗综合污染指数法对丰水期、枯水期各采样点进行计算（图7-24、图7-25）。根据丰水期、枯水期地表水改进的内梅罗综合污染指数，采用多元统计分析法进行各采样点数据分析，采用ArcGIS插值法绘制整个湖区的水质类别分区图（图7-26、图7-27）。

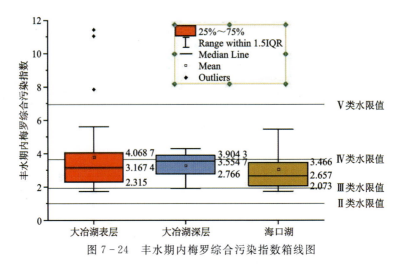

图 7-24　丰水期内梅罗综合污染指数箱线图

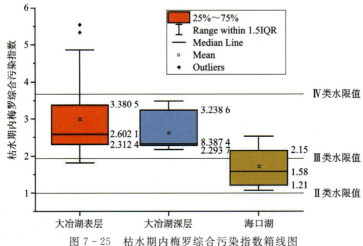

图 7-25　枯水期内梅罗综合污染指数箱线图

根据图 7-24 和图 7-25 对比可得出,丰水期和枯水期大冶湖表层内梅罗综合污染指数平均值分别为 3.79 和 3.02,整体分别属于Ⅴ类和Ⅳ类水质;两图对比可知,枯水期箱体长度小于丰水期、枯水期内梅罗综合污染指数平均值与中位值之差为 0.42,小于丰水期的 0.62,表明枯水期内梅罗综合污染指数分布更均匀,湖区各区域污染情况更相似;丰水期异常值较多,采样点表现出与枯水期不同的污染趋势;大冶湖深层丰水期、枯水期内梅罗综合污染指数平均值分别为 3.80 和 2.72,丰水期箱体长度短,且丰水期表深层的差值小于枯水期,表明在水动力条件较强的条件下,深水区垂直方向上水质分布更为均匀。另外,海口湖丰水期和枯水期内梅罗综合污染指数平均值分别为 2.92 和 1.76,整体分别属于Ⅳ类和Ⅲ类水质,丰水期和枯水期海口湖水质整体较大冶湖更好(图 7-26、图 7-27)。

从空间分布情况看,丰水期大冶湖污染严重的区域主要集中在核心区东南部及大冶湖东北部水域,整体为劣Ⅴ类水质。分析其原因为:核心区东南部存在支流的入河口,丰水期携带的污染物在入湖口聚集,而大冶湖东北部属于集中的养殖基地,丰水期养殖排放的粪便、饲料等导致周围水质较差。枯水期大冶湖水质较差的区域集中在大冶市区及整个核心区范围水

第七章 实例分析:湖北省黄石多要素城市地质调查

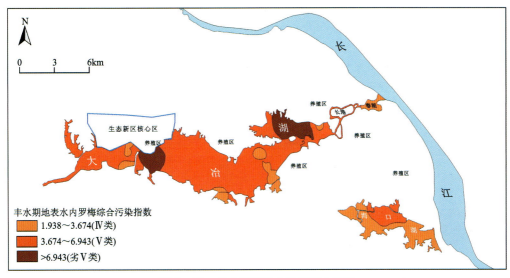

图 7-26 丰水期湖泊水质类别分区图

图 7-27 枯水期湖泊水质类别分区图

域,在枯水期湖泊来水量减小的情况下,可能的原因是大冶市区生活排污及核心区建设对湖泊水质的扰动。丰水期海口湖水质较差的地方集中在东北部,枯水期则西部水质较东部更差。

2. 地表水富营养化评价

采用综合营养指数法对地表水富营养化进行分析。根据丰水期、枯水期富营养化计算结果,在 ArcGIS 空间插值基础上,绘制丰水期、枯水期湖水浅层富营养化分区图(图 7-28、图 7-29),对于深水区分层采样的综合营养指数,采用箱线图分析湖区综合营养指数的变化情况(图 7-30)。

由丰水期大冶湖综合营养化分区图可知,大冶湖湖区水体综合营养状态整体呈西优东劣,中部优质,南、北岸劣质分布。大冶湖湖区大面积范围水体综合营养状态在黄色营养状态分级

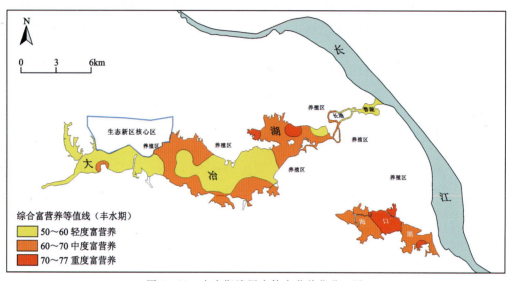

图 7-28 丰水期浅层水体富营养化分区图

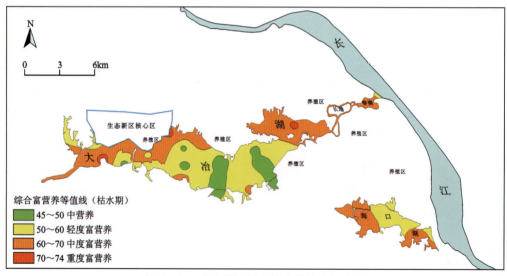

图 7-29 枯水期浅层水体富营养化分区图

范围内,属于轻度富营养;湖区南、北岸存在沿湖岸分布的大面积养殖区,北岸靠近生活区,主要属于中度富营养;东部沿岸及中部出现重度富营养。由枯水期大冶湖综合营养状态指数分级图可知,大冶湖湖区水体中综合营养状态整体呈西劣东优、中部优质、北岸劣质分布。大冶湖湖区大面积范围水体中综合营养状态在黄色营养状态分级范围内,属于轻度富营养;湖区北岸靠近生活区,主要属于中度富营养;东部沿岸及西部出现重度富营养。分析原因主要是:大量工业废水和生活污水以及农田径流中的植物营养物质排入大冶湖,水生生物特别是藻类大量繁殖,使得丰水期、枯水期大冶湖东南部富营养化严重,富营养值平均为75、72.3。大冶湖深水区水质相对较好,北岸出现中度富营养区,丰水期、枯水期富营养值平均为48、50。流入长江的营养等级属于轻度富营养,水体自净能力使得水质变好,营养指数下降。

丰水期海口湖富营养化程度较高,整体处于中度和重度富营养的状态,其中湖区中部富营养化最为严重,分析原因是海口湖湖区面积较小,水动力条件较差,加上遍布湖区岸边的养殖区排放了大量的有机物,使水中的氮、磷等营养物质含量较高。枯水期海口湖富营养化程度一般,整体处于轻度和中度污染的状况,其中湖区西部和南部富营养化较为严重,分析原因是海口湖湖区面积较小,水动力条件较差,加上遍布湖区西部和南部岸边的养殖区的影响,导致富营养化较为严重。

根据图 7-30 和图 7-31 湖区综合营养指数变化情况,来分析湖区富营养化变化情况。由图可知,丰水期表深层箱线图中位值分别为 56.38、53.64,均为轻度富营,箱体长度较短,异常值也均在轻度富营养之间,深水区富营养化分布较为均匀,但表层富营养程度高于深水区,异常值也较多。而枯水期箱体长度较长,表层和深层均占据重度、轻度和中度富营养化状态,表明深水区富营养化整体较为分散。

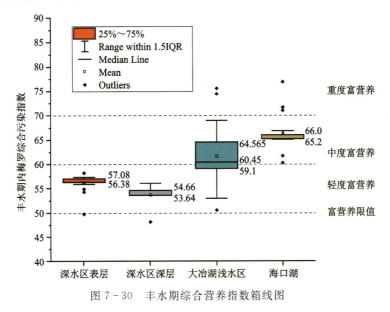

图 7-30 丰水期综合营养指数箱线图

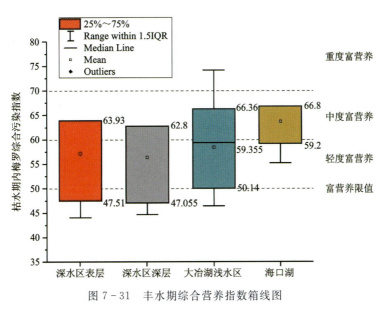

图 7-31 丰水期综合营养指数箱线图

丰水期大冶湖浅水区箱体大部分以及中位值均处于中度富营养,而枯水期箱体长度更长,中位值和平均值均为轻度富营养,枯水期富营养化程度较丰水期更为分散。而对于海口湖,丰水期、枯水期富营养程度均明显大于大冶湖,丰水期整体为中度富营养,但有将近半数的采样点为重度富营养,枯水期虽箱体长度较长,但异常值较少。

3. 环大冶湖区水环境承载力评价

从水资源与环境、水污染与控制、社会经济3个方面,建立具有3个准则层、7个目标层、17个指标层的评价指标体系,环大冶湖区水环境评价指标体系如图7-32所示。

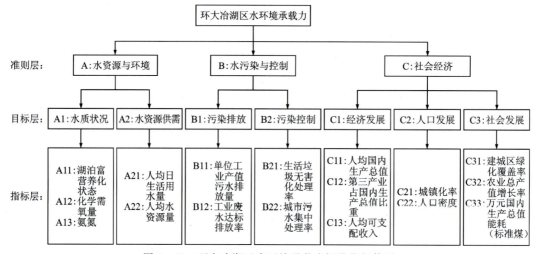

图7-32 环大冶湖区水环境承载力评价指标体系

根据熵权法确定各指标权重(表7-9)。在评价指标中,人均水资源量所占权重最大,为0.103;其次是人口密度,所占权重为0.090;然后为第三产业占国内生产总值比重所占权重为0.079;湖泊富营养化状态权重为0.073,人均国内生产总值所占权重为0.069,化学需氧量所占权重值为0.067,工业废水达标排放率为0.060,其他指标所占权重值相对较少。

根据模糊综合评价法,计算出环大冶湖区水环境承载力。环大冶湖区2008—2017年整体水环境承载力从2008年的0.330到2017年的0.568,整体呈上升趋势。从2008年至2016年呈上升趋势,在2016年达到峰值0.594,此后呈下降趋势,到2017年下降到0.026。根据前10年的水承载力变化趋势,综合环大冶湖区各项经济社会的规划,随着未来对污染排放的管控措施更加严格和社会经济不断发展,环大冶湖水承载力会呈逐渐增强的趋势。

环大冶湖区2008—2017年水环境承载力变化趋势如图7-33所示。其中,2008—2010年间水资源与环境、水污染与控制、社会经济子系统贡献值相差不大,在2011—2017年社会经济子系统贡献值最大,且稳定增长,主要源于环大冶湖区生产总值从2008年的127.34亿元增长至2017年的355.06亿元,国内生产总值大幅提高,稳步增长,为提升环大冶湖区水环境承载力奠定扎实的经济基础。水资源与环境子系统承载力综合指数在2008—2017年间对水环境承载力贡献较小,呈波动状态,在2016年达最大值0.177,2017年下降至0.038,为制约水环境综合承载力下降的主要因素。因此,在2008—2017年,环大冶湖区水资源与环境承载是抑制环大冶湖区水环境承载力提升的主要因素。水污染与控制子系统承载力评分值稳定增长,由于所占权重较小为0.204,因此其对环大冶湖区水环境承载力贡献值较小。

第七章 实例分析:湖北省黄石多要素城市地质调查

表 7-9 环大冶湖区水环境承载力评价指标权重

准则层	目标层	指标序号	指标层	权重	效应
A 水资源与环境	A1 水质状况	A11	湖泊富营养化状态	0.073	−
		A12	化学需氧量	0.067	−
		A13	氨氮	0.049	−
	A2 水资源供需	A21	人均日生活用水量	0.052	−
		A22	人均水资源量	0.103	+
B 水污染与控制	B1 污染排放	B11	单位工业产值污水排放量	0.045	−
		B12	工业废水达标排放率	0.060	+
	B2 污染控制	B21	生活垃圾无害化处理率	0.047	+
		B22	城市污水集中处理率	0.052	+
C 社会经济	C1 经济发展	C11	人均国内生产总值	0.069	+
		C12	第三产业占国内生产总值比重	0.079	+
		C13	人均可支配收入	0.049	+
	C2 人口发展	C21	城镇化率	0.058	+
		C22	人口密度	0.090	−
	C3 社会发展	C31	建城区绿化覆盖率	0.028	+
		C32	农业总产值增长率	0.030	+
		C33	万元国内生产总值能耗(标准煤)	0.049	−

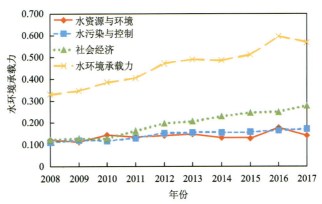

图 7-33 环大冶湖区 2008—2017 年水环境承载力变化趋势

4. 环大冶湖区地下水质量评价

根据地下水质量评价方法分别计算各采样点 F 值,根据 F 值判断地下水质量级别。根据上述计算结果,绘制环大冶湖区地下水水质分区图(图 7-34)。环大冶湖区地下水水质整体较差,在生态核心区周围和新区北部水质较好。

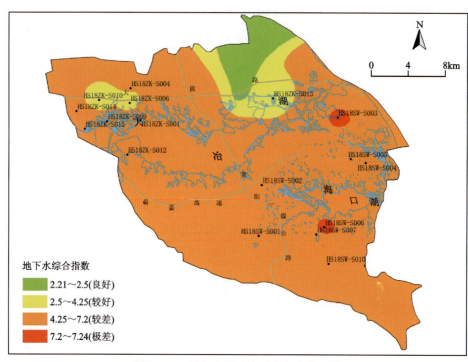

图 7-34　环大冶湖区地下水水质分区图

5. 生态核心区西部典型区域地下水脆弱性评价

基于 DRASTIC 方法，以地下水位埋深、土壤厚度、包气带厚度、含水层厚度为评价指标，对生态核心区西部典型区域地下水脆弱性进行评价（图 7-35）。

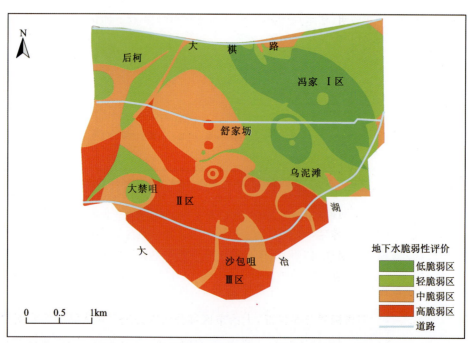

图 7-35　生态核心区西部地下水脆弱性评价分区图

第七章 实例分析:湖北省黄石多要素城市地质调查

生态核心区西部典型区域约 11.824 4km², 地下水脆弱性综合指数分布范围在 46~78 之间(表 7-10)。低脆弱区主要分布在东北部地区, 脆弱性综合指数在 46~55.6 之间, 面积为 1.387km², 分区面积占比为 11.73%。轻脆弱区主要分布在东北地区除低脆弱区外的地区, 脆弱性综合指数在 55.6~64.5 之间, 面积为 3.514km², 分区面积占比为 29.72%。中脆弱区主要分布在西边中部地区, 脆弱性综合指数在 64.5~68.8 之间, 面积为 2.013km², 分区面积占比为 17.02%。高度脆弱区主要分布在南部地区, 脆弱性综合指数在 68.8~78 之间, 面积为 4.911km², 分区面积占比为 41.53%。

表 7-10 生态核心区西部地下水脆弱性评价结果统计表

脆弱级别分区	脆弱性综合指数	分区内栅格数/个	分区面积/km²	分区面积占比/%
低脆弱区	46~55.6	7711	1.387	11.73
轻脆弱区	55.6~64.5	19 541	3.514	29.72
中脆弱区	64.5~68.8	11 194	2.013	17.02
高脆弱区	68.8~78	27 306	4.911	41.53

从图 7-35 和表 7-10 可看出, 研究区内高脆弱区主要在南部地区, 主要原因是南部地区地下水水位埋深较浅, 分配权重又大, 对该区域的地下水脆弱性起主要控制作用。为减缓该地区的地下水脆弱性, 可采取适当措施, 在不引起环境地质问题的前提下降低地下水水位。

二、大冶湖环境保护对策建议

1. 水质保护建议

根据大冶湖水文年丰水期、枯水期水质污染和富营养化评价及变化特征分析, 结合前期搜集的湖区资料, 对湖区水质保护提出合理建议。

(1)根据综合水质分布图, 湖区北部黄金山经济技术开发区入河诸港、汪仁镇诸港及沿湖工程施工等不仅造成湖区水质较差, 还严重影响了进入长江的湖水水质。针对港道周围分布的工业污染企业, 要加大工业企业整治力度, 对于重点污染企业的工厂水质进行实时监控, 制定严格的市场准入制度, 对于不达标企业要求停产整治;倡导清洁生产及污水处理后循环利用, 严格把控湖区沿岸新建的生态核心区相关工程项目的环境评价, 特别是相关项目环境评价中"水环境影响分析评价报告"的审批。

(2)湖区围网养殖面积超过了《湖北省实施〈中华人民共和国渔业法〉办法》规定的 10%, 广泛分布于湖边的围网养殖对湖区富营养化影响较大。控制围网养殖, 一方面要严格执行黄石市政府颁布的《大冶湖围网养殖拆除通告》及《大冶湖围网养殖拆除实施方案》, 逐步拆除围网, 压缩养殖规模;另一方面对现有鱼塘进行合理布局, 规划主养区、混养区、湿地净化区和水源区, 构造养殖湿地系统作为湖区主要河港入湖之前的人工缓冲区, 湖水经过处理之后再排放入湖。

(3)根据 TN、BOD_5 等指标的分布情况, 大冶市区部分污水处理厂排入湖的污水对湖区水质影响较大。针对城镇及农村生活污水处理问题, 主要措施为:改造大冶市市政排污和收集管道,提高污水收集率;改进现有污水厂处理技术,增加污水深度处理;逐步规划建设所辖乡镇污水厂以及农村散户生活污水集中处理等设施。

(4)针对湖区富营养化问题,可借鉴滇池和洱海的治理经验,采用人工浮岛技术,在湖面上构建人工浮体结构以栽植水生植物。浮岛上生长的植物和附着的微生物有利于净化水质,还为鱼类和鸟类创造了栖息地,水面植物生长还可以起遮蔽作用,可有效抑制浮游植物生长。另外,在湖泊浅水区及类湿地区,种植植物构建挺水植物-浮游植物-沉水植物机制,在净化污染物质的同时提高水的含氧量,降低底泥污染物的内源释放。

2. 环大冶湖区水环境承载力保护措施

根据环大冶湖区水环境承载力分析与评价可知,湖区水环境承载力提升的主要原因有两个方面:一是随着社会经济的发展,人均国内生产总值从2008年的2.19万元到2017年的5.99万元,经济产值的大幅增长使得环大冶湖区对污染控制的投入加大,10年间污水集中处理率提高了57.33%,工业废水达标排放率一直处于较高水平,工业废水排放总量从2008年的1 743.15万t降低至2017年的968.05万t;二是研究区的水资源供需情况较好,水资源量也在逐年升高,人均生活用水量已达172L/(人·d)。但环大冶湖区人均国内生产总值仍未达到黄石市创建生态文明建设示范市规划的6万元。

限制环大冶湖区水环境承载力提升的因素主要为大冶湖水环境现状。其中,内湖在2008年为劣Ⅴ类水,至2012年以后为Ⅳ~Ⅴ类水;外湖在2011年以前为Ⅴ类水,以后为Ⅳ类水。这表明水质污染处理有一定效果,但水质污染依然严重且呈富营养状态,水功能区水质不达标。而人口密度偏大增大了用水压力,城镇人口比重不高造成城镇化率低,使得农村水污染排放控制率低。另外,城市绿化覆盖率在10年间持续低于40%,国内生产总值能耗逐年下降但仍处于较高状态,2017年为1.02t/万元,限制研究区的生态建设,这也是阻碍城市发展的主要因子。

水环境承载力提升的关键是水环境与社会经济的协调发展,因此环大冶湖区水环境承载力的发展主要是增加环大冶湖区国内生产总值;由于环大冶湖区工业发展迅速,使得工业废水排放依然处于较高水平,必须严格控制工业废水排放,单位工业产值废水排放要低于0.6t/万元,废水与垃圾处理率保持现有水平稳定在90%以上;加强绿化建设,使得建城区绿化覆盖率达40%;对大冶湖区进行污染治理,改善水环境,提高水功能区达标率,控制人口增长,使人口密度低于400人/km²,降低万元国内生产总值能耗,使其低于0.9t/万元。

第五节 专题四:长江沿岸与生态发展

本次工作以"共抓长江大保护"的科学论断为研究背景,以服务黄石大冶湖生态新区社会与经济可持续发展为宗旨,紧密围绕"大冶湖生态新区与长江黄石段绿色发展"总目标,在充分整合、利用已有地质资料的基础上,针对长江黄石段沿岸进行地质环境补充调查与综合评价;以问题和需求为导向,摸清约束长江黄石段沿岸可持续发展的地质环境问题,重点调查与评价码头、工业用地,以及城市绿地、沿江湿地、农业用地等典型地区;结合地质环境综合评价的结果,针对存在的突出地质环境问题,开展长江黄石段沿岸的防治对策研究,有针对性地提出防治对策建议,为长江黄石段"大保护"提供地质依据。

一、长江沿岸水土质量调查与评价

鄂州—黄石地区土壤分为6个土类,13个亚类,57个土属,229个土种,300多个变种,其中以水稻土、潮土、红壤、黄棕壤为主。研究区长江黄石段沿岸的土壤类型主要为红壤土。

本次采集样品为长江沿岸研究区表层土壤,主要样品分布情况如图7-36所示。

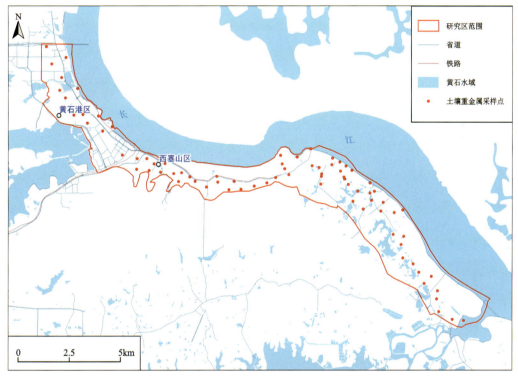

图 7-36 研究区土壤重金属采样点分布

从 As 单因子评价结果可以看出,研究区整体环境质量较好,唯有黄石港钢铁厂至西塞山风景区属于轻度超标;从 Cd 单因子评价结果可以看出,研究区整体环境质量较好,唯有黄石港钢铁厂以及西塞山区政府附近为轻度超标(图7-37～图7-42);从 Cu、Hg、Ni 单因子评价结果可以看出,研究区整体环境质量较好,均属于无超标;从 Pb 单因子评价结果可以看出,研究区整体环境质量较好,大部分地区属于无超标,黄石港钢铁厂、电厂附近指数逐渐升高,至黄石港码头附近达到重度超标。因此,整体来看,研究区 As、Pb 超标相对严重,Cd 一般,Cu、Hg、Ni 按规范对比未超标。

根据内梅罗综合污染指数法,对研究区重金属元素进行分级计算,结果如图7-43所示。大部分地区均没有超标,面积约 23.3km²,占整个研究区的 71.74%。超标主要集中在黄石港

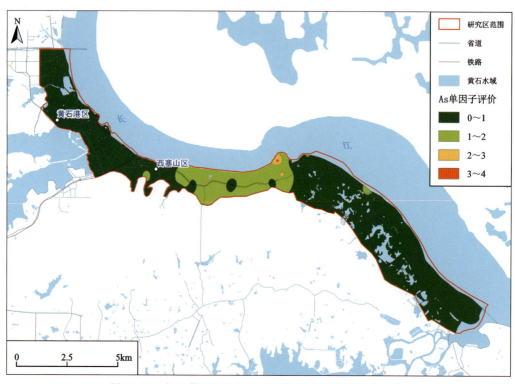

图 7-37 长江黄石段沿岸表层土壤 As 单因子指数评价图

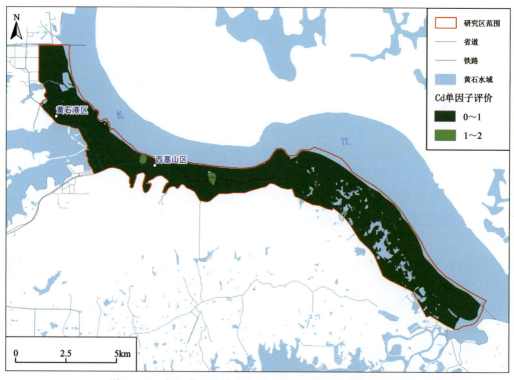

图 7-38 长江黄石段沿岸表层土壤 Cd 单因子指数评价图

第七章 实例分析：湖北省黄石多要素城市地质调查

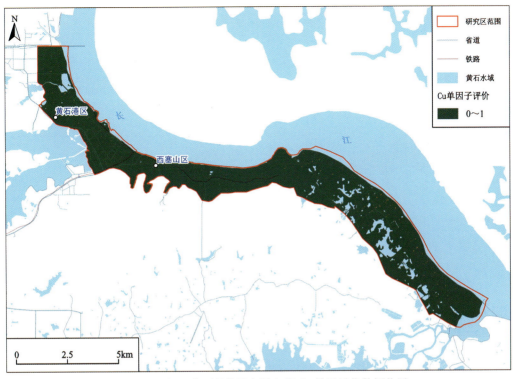

图 7-39 长江黄石段沿岸表层土壤 Cu 单因子指数评价图

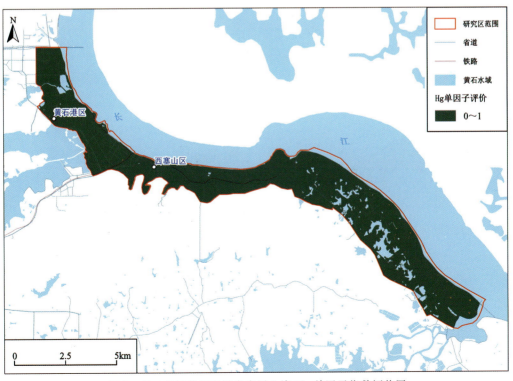

图 7-40 长江黄石段沿岸表层土壤 Hg 单因子指数评价图

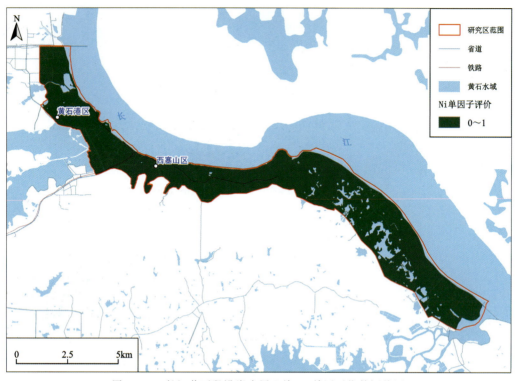

图 7-41　长江黄石段沿岸表层土壤 Ni 单因子指数评价图

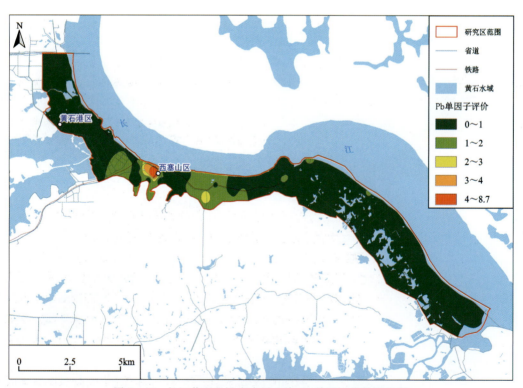

图 7-42　长江黄石段沿岸表层土壤 Pb 单因子指数评价图

至西塞山码头附近。警戒线以上的区域面积约 3.4km², 占整个研究区的 10.54%。轻度超标的区域面积约 5.3km², 占整个研究区的 16.42%, 中度超标、重度超标面积总和约 0.42km², 占整个研究区的 1.30%。

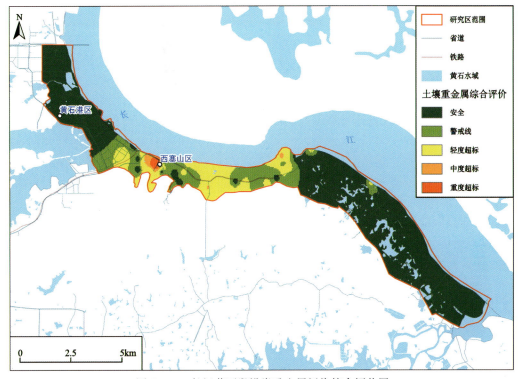

图 7-43 长江黄石段沿岸重金属污染综合评价图

进入土壤的重金属通过各种途径对环境、生物和人群产生影响,大致可概括为:土壤→作物(作物效应)、土壤→植(动)物→人体(人体健康效应)、土壤→微生物(土壤生物效应)。当将某种元素在土壤中的含量控制在某浓度值时,对人类、生态、环境不会产生不可容忍的危害,该浓度限值被称为此种元素在土壤中的临界含量值,它是计算环境容量的一个重要参数。由于各地土壤组成差异较大,要给土壤环境制定统一的标准或允许限值较为困难。

根据土壤中 Co、Cr、Cu、Pb、Zn 的背景值和临界值以及残留率 K 值,分别以 20 年、50 年、100 年为控制年限,计算出黄石地区农业用地、建设用地土壤中上述元素的动态环境容量,具体风险筛选值如表 7-11、表 7-12 所示。

表 7-11 农用地土壤风险筛选值(基本项目)　　　　单位:mg/kg

元素	Cd	Hg	As	Pb	Cr	Cu	Ni	Zn
农用地 (pH>7.5)	0.8	1.0	20	240	350	200	190	300

表 7-12 建设用地土壤风险筛选值（基本项目）　　　　　　　　单位：mg/kg

元素	Cd	Hg	As	Pb	Cu	Ni
建设用地（pH>7.5）	47	33	120	800	8000	600

假定以往背景值作为上一年度研究区的土壤重金属含量，与本次专题的测试值进行对比，得到研究区年度重金属累积值。与前述计算出来每一个样品的动态容量进行对比，可得到每一个样品年度重金属承载力值。如果该值出现负值，表示该地区年度累积值大于模拟出的年度动态容量值，说明该地区重金属累积过多，已经超过了模拟 20 年土壤所能承受的范围，属于超载。如果该值刚好等于零，表示该地区重金属的累积量与模拟出的年度动态容量相同，说明该地区重金属累积刚刚达到模拟 20 年土壤所能承受的范围，属于均衡。如果该值大于零，表明该地区年度累积量小于模拟 20 年模拟出的年度动态容量值，说明该地区重金属累积较少，随着土壤的不断自净，土壤中重金属含量会越来越少。

从图 7-44～图 7-49 可以看出，对研究区进行 20 年模拟的动态容量，所计算出来的不同金属承载力与前述评价趋势一致，都是 As、Cd、Pb 三种元素在黄石港和西塞山以西，出现了容量超载，其余大部分地区容量都是以盈余为主，部分地区均衡。

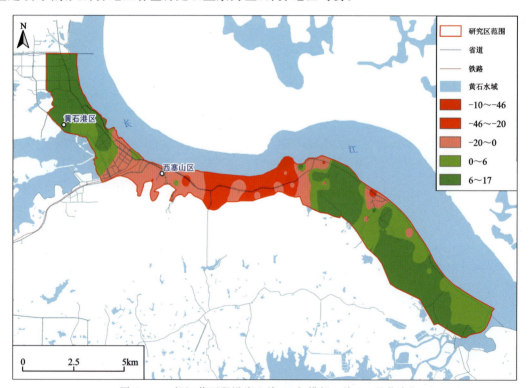

图 7-44　长江黄石段沿岸土壤 20 年模拟土壤 As 承载力

第七章 实例分析：湖北省黄石多要素城市地质调查

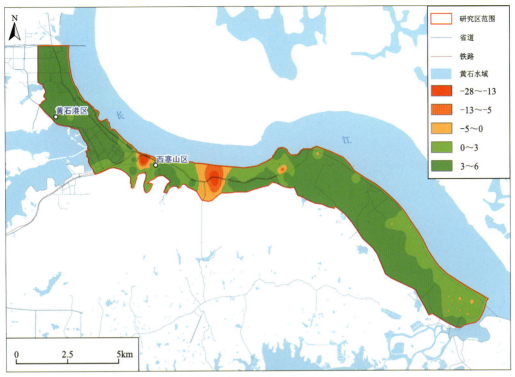

图 7-45 长江黄石段沿岸土壤 20 年模拟土壤 Cd 承载力

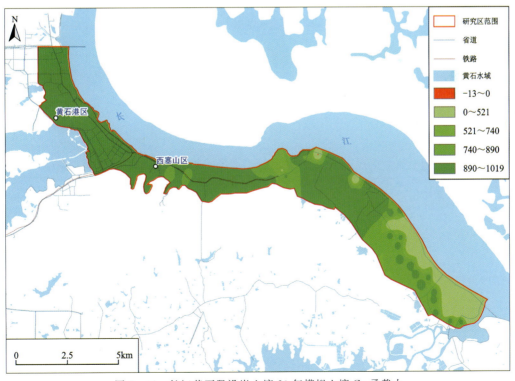

图 7-46 长江黄石段沿岸土壤 20 年模拟土壤 Cu 承载力

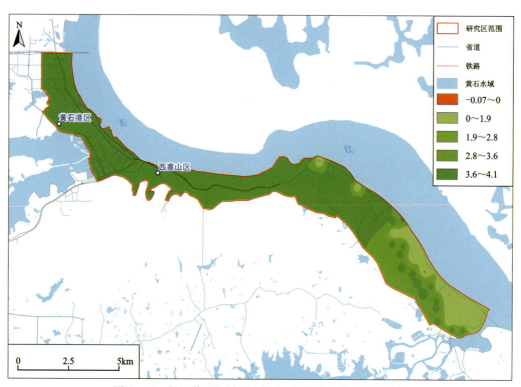

图 7-47 长江黄石段沿岸土壤 20 年模拟土壤 Hg 承载力

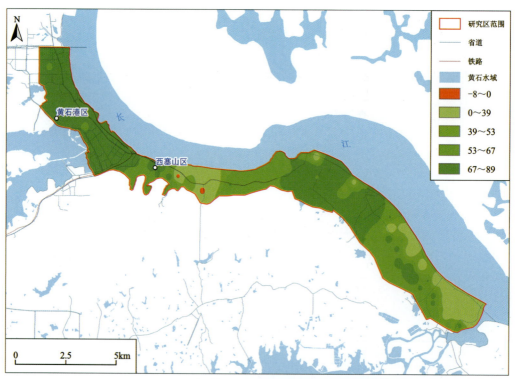

图 7-48 长江黄石段沿岸土壤 20 年模拟土壤 Ni 承载力

第七章 实例分析:湖北省黄石多要素城市地质调查

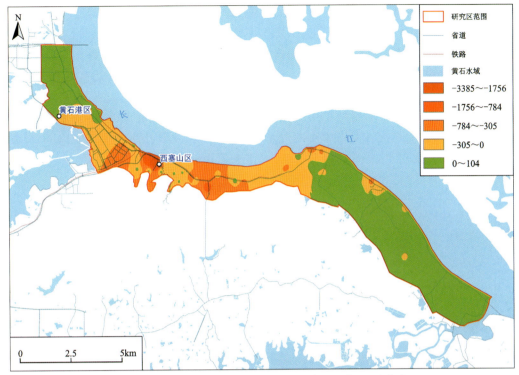

图 7-49 长江黄石段沿岸土壤 20 年模拟土壤 Pb 承载力

二、长江沿岸地质灾害调查与评价

根据遥感解译成果,研究区长江黄石段沿岸主要发育的地质灾害类型为滑坡、崩塌、不稳定斜坡 3 类。其中,滑坡 9 处,崩塌 1 处,不稳定斜坡 7 处。

根据研究区遥感解译调查结果的统计(表 7-13、表 7-14),长江黄石段沿岸发育地质灾害点共 17 处。其中,最多的地质灾害是滑坡,共 9 处,占 52.94%;崩塌发育相对较少,根据记录只有 1 处,占 5.88%;不稳定斜坡有 7 处,占 41.18%。灾害点分布于黄石港区政府和西塞山区政府附近,其中西塞山区的灾害点最多,共 16 处,占 94.12%;其次是黄石港区地质灾害,仅 1 处,占 5.88%。

表 7-13 长江黄石段沿岸地质灾害类型统计表

地质灾害类型	滑坡	崩塌	不稳定斜坡	合计
统计数据/处	9	1	7	17
占比/%	52.94	5.88	41.18	100.00

表 7-14 长江黄石段沿岸地质灾害隐患点统计表

单位:处

位置	滑坡	崩塌	不稳定斜坡	合计
黄石港区	1	0	0	1
西塞山区	8	1	7	16

滑坡是研究区发育最为普遍的一种地质灾害,研究区共发育9处(表7-15、表7-16)。滑坡以小型为主,共7处,中型1处,大型1处。按滑坡的物质构成,分为废渣堆、土质、岩质滑坡。废渣堆滑坡共有1处,位于黄思湾东屏巷,为一小型滑坡体。滑床为二叠系大隆组(P_2d)的砂页岩,现较稳定。土质滑坡共有6处,5处小型,1处大型。滑坡物质多为残坡积黏土夹碎石,均属浅层滑坡,滑面一般处在基岩面附近,滑床由隔水性较好的薄层灰岩、泥质灰岩、砂页岩、硅质岩、岩浆岩组成。土质滑坡主要发生在标高40~80m的斜坡地带,易发于雨季,前缘往往经过人工切坡。岩质滑坡共有2处,1处中型,1处小型,主要产生在层状顺向坡,滑坡体为薄层灰岩,现基本稳定,位于板岩山Ⅰ号座滑体和板岩山Ⅱ号座滑体。

表7-15 长江黄石段沿岸滑坡规模分类统计表

规模	大	中	小
数量/处	1	1	7
占比/%	11.11	11.11	77.78

表7-16 长江黄石段沿岸滑坡物质构成分类统计表

物质构成	废渣堆滑坡	土质滑坡	岩质滑坡
数量/处	1	6	2
比例/%	11.11	66.67	22.22

崩塌位于西塞山区板岩山危岩体,规模等级为中型滑坡,长为80~100m,宽为300m,厚为1~5m,坡度为30°~85°,坡向为10°~90°,平面形态为扇形,剖面形态不规则。岩性为下三叠统大冶组薄—中厚层灰岩(T_1dy),结构类型为层状逆向坡,产状为150°~180°∠10°~48°,稳定性为不稳定。

不稳定斜坡共有7处(表7-17),以中、小型为主,其中小型3处,中型4处。主要分布于P_1d、T_1dy的层状岩层以及碎石夹土中,已经出现了剪切裂缝或拉张剪切裂缝,部分不稳定斜坡已出现小规模滑坡体。目前,西塞山2处不稳定斜坡以及源华煤矿矸石山处于基本稳定,其余4处均不稳定,将来可能会由于坡脚开挖、降水以及卸荷等整体变为不稳定。

表7-17 长江黄石段沿岸不稳定斜坡规模分类统计表

规模	大	中	小
数量/处	0	4	3
比例/%	0	57.14	42.86

地质灾害高易发区主要分布于黄石港区华新、沈家营向西一带,以及西塞山区黄思湾一带(图7-50)。该区主要为环湖丘陵地形,相对高差在40~100m之间,地层岩性主要为上三叠统及侏罗系碎屑岩。人类工程活动较强烈,以建房、交通切坡为主,是小型崩塌、滑坡地质灾害的高发区。这一地区的防治主要包括实行建设用地地质灾害危险性评估,加强对人类活动,尤其是建设开发利用的控制;加强灾害隐患的排查和监测预警系统的建设,对重大隐患点进行勘查、治理,对部分高危区的居民进行搬迁。

第七章 实例分析:湖北省黄石多要素城市地质调查

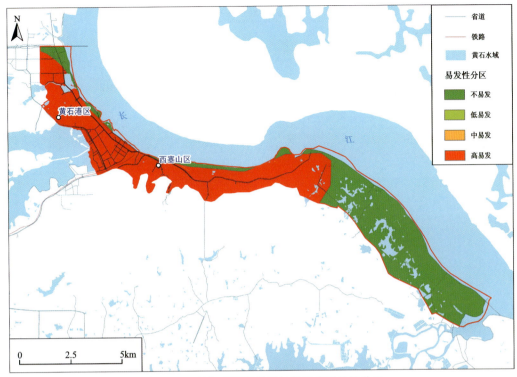

图 7-50 长江黄石段沿岸地质灾害易发性分区

地质灾害不易发区主要分布于西塞山以东的长江沿岸,仅有 1 处小型滑坡,其余大部分地区未见到地质灾害。地层岩性主要为蒲圻组、香溪群的粉砂岩、砂岩等碎屑岩,地质构造不发育,主要为长江Ⅰ级阶地以及湖盆洼地,坡度较缓,地形起伏变化小。在这一区域应该加强宣传普及地质灾害防治意识,及时对突发性地质灾害进行调查处理。

三、典型区域地质环境调查与评价(农业用地)

研究区农业用地主要集中在西塞山区,北起西塞山码头南至棋盘洲大桥,主要为城郊居民菜地,以及少量经济类作物田地(如芝麻等),有一部分甚至野草丛生,并没有种植水稻、玉米等粮食类农作物。本次农业用地土壤样品采样位置如图 7-51 所示。

(一)土壤养分地球化学特征及评价

1. 土壤养分地球化学特征

研究区农业用地土壤肥力地球化学特征分级标准参考《土地质量地球化学评价规范》(DZ/T 0295—2016),每一等级所代表的含义如表 7-18 至表 7-21 所示。

根据统计情况可以看出,N 的平均值为 890.46mg/kg,变化范围为 398~1560mg/kg,四级、五级共占 68% 以上,可以看出研究区表层土壤中 N 的缺乏比例较大,难以满足植物的生长需要,有必要增加氮肥。N 平面上分布整体具有离长江越近,N 含量越低;离长江越远,N 含量越高的趋势。P 的平均值为 1 020.68mg/kg,变化范围为 416~1520mg/kg,一级、二级共占 80% 以上,可以看出研究区 P 并不缺乏,而且很丰富;P 相对缺乏的农用地集中在研究区以南

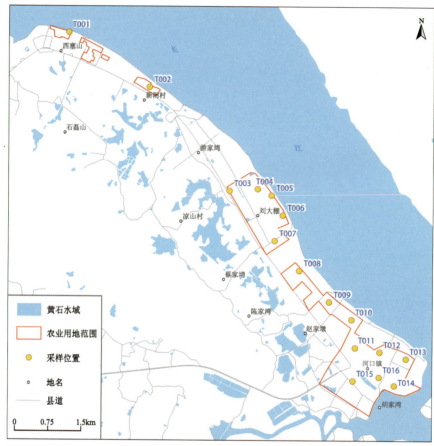

图 7-51　研究区农业用地土壤样品采集位置

表 7-18　土壤养分不同等级含义

等级	一等	二等	三等	四等	五等
含义	丰富	较丰富	中等	较缺乏	缺乏

表 7-19　研究区表层土壤全氮(TN)分级统计表

等级	一级	二级	三级	四级	五级
样品个数/个	0	1	4	6	5
所占比例/%	0	6.25	25.00	37.50	31.25
土壤养分分级标准/mg·kg^{-1}	>2000	1500～2000	1000～1500	750～1000	<750

表 7-20　研究区表层土壤全磷(TP)分级统计表

等级	一级	二级	三级	四级	五级
样品个数/个	8	5	2	1	0
所占比例/%	50.00	31.25	12.50	6.25	0
土壤养分分级标准/mg·kg^{-1}	>1000	800～1000	600～800	400～600	<400

表7-21 研究区表层土壤全钾（TK）分级统计表

等级	一级	二级	三级	四级	五级
样品个数/个	0	7	8	1	0
所占比例/%	0	43.75	50.00	6.25	0
土壤养分分级标准/mg·kg^{-1}	>25 000	20 000～25 000	15 000～20 000	10 000～15 000	<10 000

的零星田地。K的平均值为19 215.625mg/kg，变化范围为13 100～22 000mg/kg，二级、三级占90%以上。可以看出，研究区K并不缺乏，整体具有离长江越近，K含量越低；离长江越远，K含量越高的趋势。

2. 土壤有益元素地球化学特征

研究区农用地表层土壤中Se、F、I含量及分级见表7-22～表7-24。

表7-22 研究区表层土壤硒（Se）分级统计表

等级	一级	二级	三级	四级	五级
样品个数/个	0	4	11	1	0
所占比例/%	0	25.00	68.75	6.25	0
土壤养分分级标准/mg·kg^{-1}	>3	3～0.4	0.4～0.175	0.175～0.125	<0.125

表7-23 研究区表层土壤氟（F）分级统计表

等级	一级	二级	三级	四级	五级
样品个数/个	2	6	5	3	0
所占比例/%	12.50	37.50	31.25	18.75	0
土壤养分分级标准/mg·kg^{-1}	>700	550～700	500～550	400～500	<400

表7-24 研究区表层土壤碘（I）分级统计表

等级	一级	二级	三级	四级	五级
样品个数/个	0	0	2	5	9
所占比例/%	0	0	12.50	21.25	56.25
土壤养分分级标准/mg·kg^{-1}	>100	100～5	5～1.5	1～1.5	<1

统计研究区Se的平均值为0.32mg/kg，变化范围为0.17～5.12mg/kg，大部分样品中Se为三级，说明研究区Se中等，甚至有的地方较富集（图7-52）。研究区F的平均值为577.625mg/kg，变化范围为440～760mg/kg，二级、三级样品占60%以上，说明研究区F含量中等至较富集。研究区I的平均值为1.08mg/kg，变化范围为0.66～2.42mg/kg，四级、五级占70%以上，说明研究区I缺乏。

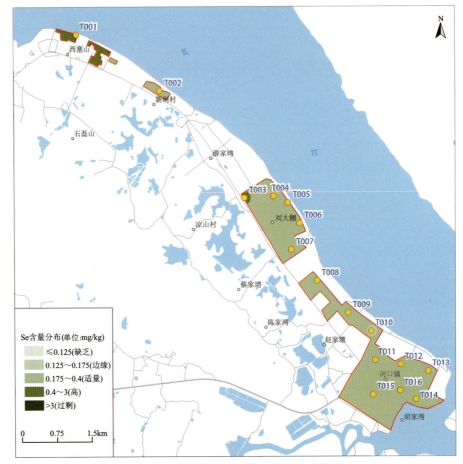

图 7-52 研究区农业用地硒（Se）分布情况

3. 土壤酸碱性特征

研究区农用地土壤酸碱度如表 7-25 所示。可以看出，研究区土壤均属于碱性，部分为强碱性。

表 7-25 研究区表层土壤酸碱度分级统计表

等级	强碱性	碱性	中性	酸性	强酸性
样品个数/个	3	13	0	0	0
所占比例/%	18.75	81.25	0	0	0
土壤养分分级标准/mg·kg^{-1}	>8.5	7.5~8.5	6.5~7.5	5~6.5	<5

4. 土壤养分地球化学评价

在土壤氮、磷、钾单项指标地球化学的基础上，根据《土地质量地球化学评价规范》(DZ/T 0295—2016)的要求，按照公式计算土壤养分地球化学综合得分，公式如下：

第七章 实例分析:湖北省黄石多要素城市地质调查

$$f_{养综} = \sum_{i=1}^{n} k_i f_i \tag{7-3}$$

式中,$f_{养综}$为土壤 N、P、K 评价总得分,$1 \leqslant f_{养综} \leqslant 5$;$k_i$为 N、P、K 的权重系数,分别为 0.4、0.4、0.2;f_i为土壤 N、P、K 的单元素等级得分,五等、四等、三等、二等、一等所对应的f_i得分,分别为 1、2、3、4、5 分。

整体来看(表 7-26,图 7-53),研究区土壤养分整体属于中上水平,全区基本以三等为主,部分为二等,仅 1 个样品为四等。

表 7-26 研究区土壤养分地球化学综合等级划分

等级	一等	二等	三等	四等	五等
$f_{养综}$	$f_{养综} \geqslant 4.5$	$3.5 \leqslant f_{养综} < 4.5$	$2.5 \leqslant f_{养综} < 3.5$	$1.5 \leqslant f_{养综} < 2.5$	$f_{养综} < 1.5$
样品个数/个	0	4	11	1	0

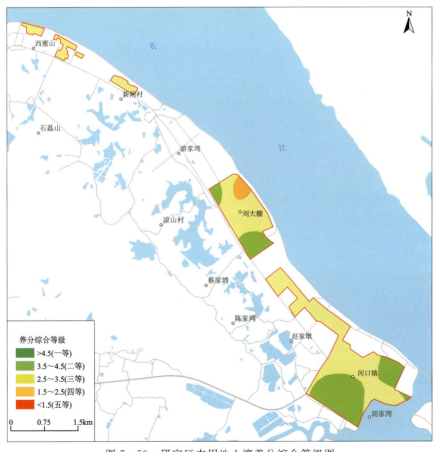

图 7-53 研究区农用地土壤养分综合等级图

(二)土壤环境地球化学特征及评价

本次研究参考《土壤环境质量 农用地土壤污染风险管控标准(试行)》(GB 15618—2018)。根据对研究区土壤样品重金属元素含量的统计(表 7-27),可以看出 As、Cr、Cd、Pb

均有一个样品超标,而 Hg、Ni、Cu、Zn 等元素并未超标。

表 7-27 研究区农用地重金属元素超标统计表

元素	样品个数/个	农业用地土壤质量风险筛选值和管控值		农业用地土壤质量风险值和管控值超标情况					
				风险值			管控值		
		风险值/mg·kg^{-1}	管控值/mg·kg^{-1}	超标个数/个	未超标个数/个	超标率/%	超标个数/个	未超标个数/个	超标率/%
As	16	25	100	1	15	6.25	0	16	0
Cr	16	250	1300	1	15	6.25	0	16	0
Cd	16	0.6	4	1	15	6.25	0	16	0
Pb	16	170	1000	1	15	6.25	0	16	0
Hg	16	3.4	6	0	16	0	0	16	0
Ni	16	190		0	16	0	0	16	0
Cu	16	100		0	16	0	0	16	0
Zn	16	300		0	16	0	0	16	0

As 的平均值为 11.1mg/kg,变化范围为 6.41~35.2mg/kg。Cr 的平均值为 130.96mg/kg,变化范围为 82.8~273mg/kg。Cd 的平均值为 0.37mg/kg,变化范围为 0.2~0.85mg/kg。Pb 的平均值为 55.6mg/kg,变化范围为 19.7~418mg/kg。Hg 的平均值为 106.1mg/kg,变化范围为 29.6~271mg/kg。主要超标样品位于西塞山码头以及中部靠近工厂的地区。

根据单因子指数法评价的重金属元素在区域内整体较好,几乎没有超标,唯有 Pb 在西塞山码头处有轻微超标,Cr 在中部工厂附近有轻微超标。

根据内梅罗综合污染指数法,对研究区重金属元素进行分级计算,得到的土壤环境地球化学评价结果如图 7-54 所示。可以看出,研究区整体情况较好,这与前述沿江带的情况整体结论一致,唯有西塞山码头具有较轻微的超标,可能与油气运输有关。

(三)土壤质量地球化学评价

土壤质量地球化学综合评价就是土壤养分地球化学综合等级与土壤环境地球化学综合等级叠加产生的结果(表 7-28)。

研究区土壤质量以二等、三等为主。结合土壤环境地球化学综合等级以及土壤养分地球化学综合等级来看(图 7-55),二等的地区土壤养分较丰富,土壤环境清洁;三等的地区土壤环境清洁,养分中等;四等的地区养分中等,土壤重金属累积。

四、地质环境综合评价

影响长江黄石段沿岸地质环境的要素主要包括土壤环境条件、岩石结构条件、地形地貌条件、动力地质作用条件等。以突出存在的地质环境问题为导向的原则,选择对研究区长江黄石段沿岸地质环境影响较大的因子作为综合评价因子(表 7-29)。

第七章 实例分析:湖北省黄石多要素城市地质调查

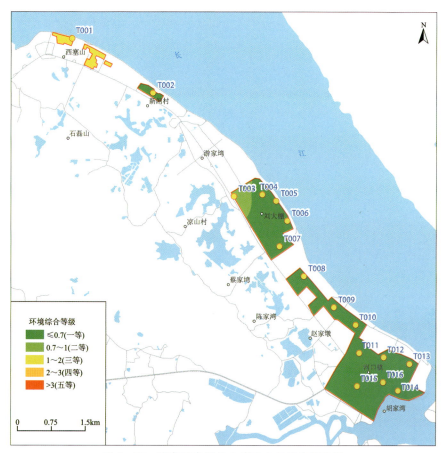

图 7-54 研究区农用地土壤重金属综合评价图

表 7-28 土壤质量地球化学综合等级表达与含义

土壤质量		土壤环境地球化学综合等级				
		清洁	轻微	轻度	中度	重度
土壤养分地球化学综合等级	丰富	一等	三等	四等	五等	五等
	较丰富	一等	三等	四等	五等	五等
	中等	二等	三等	四等	五等	五等
	较缺乏	三等	三等	四等	五等	五等
	缺乏	四等	四等	四等	五等	五等

一等:优质,表明土壤环境清洁,土壤养分丰富至较丰富。
二等:良好,表明土壤环境清洁,土壤养分中等。
三等:中等,表明土壤环境清洁,土壤养分较缺乏或轻度变差,土壤养分丰富至缺乏。
四等:差等,表明土壤环境清洁或轻微变差,土壤养分缺乏或土壤环轻度变差,土壤养分丰富至缺乏或土壤盐渍化等级为强度。
五等:劣等,表明土壤环境中度和重度变差土壤养分丰富至缺乏或土壤盐渍化等级为盐土。

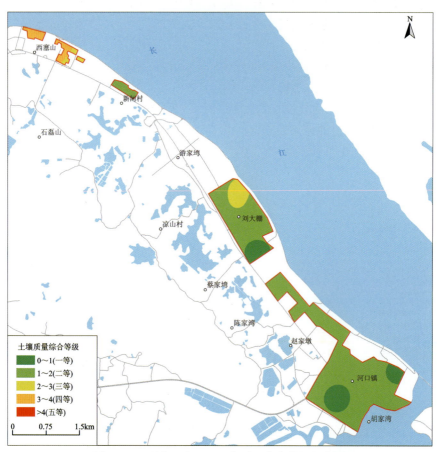

图 7-55 研究区农用地土壤质量综合等级评价图

表 7-29 长江黄石段沿岸地质环境综合评价指标体系

环境要素	重要因子	分级				资料来源
		优	良	中	差	
土壤环境	土壤质量	安全	警戒线	轻—中超标	严重超标	内梅罗综合污染指数法计算结果
岩石结构	岩石类型	碳酸盐岩类、层状碎屑岩、块状岩浆岩（坚硬岩石）	变质岩（中等至坚硬岩石）	砂性土（松散）	人工填土（矿山废渣）	黄石工程地质报告相关资料
地形地貌	地貌类型	长江Ⅰ级阶地、湖盆洼地	剥蚀残丘（准平原）	构造剥蚀低山丘	中低山	遥感解译结果
动力地质作用	地质灾害易发性	地质灾害不易发	地质灾害低易发	地质灾害中易发	地质灾害高易发	《黄石市地质灾害防治规划（2016—2025年）》

第七章 实例分析:湖北省黄石多要素城市地质调查

长江黄石段沿岸地质环境综合评价结果显示,区内地质环境优的地区居多,其次是地质环境良、中,少有地质环境差的区域,说明该区整体地质环境良好,适合城市建设、人类生活(图7-56)。其中,地质环境优的地区面积达到22.1km²,占研究区面积的48.57%,主要位于西塞山以东的游贾湖、夏浴湖至河口镇,以及沈家营以北的沿江地区。地质环境良的地区面积达到12.2km²,占研究区面积的26.81%,主要位于黄石港区磁湖以北的景山等地。地质环境中的地区面积达到10.7km²,占研究区面积的23.52%,主要位于黄石港区磁湖以东至西塞山尚家湾等地区。地质环境差的地区面积仅为0.5km²,占研究区面积的1.10%,主要位于西塞山区政府、黄思湾及西塞山风景区西坡。

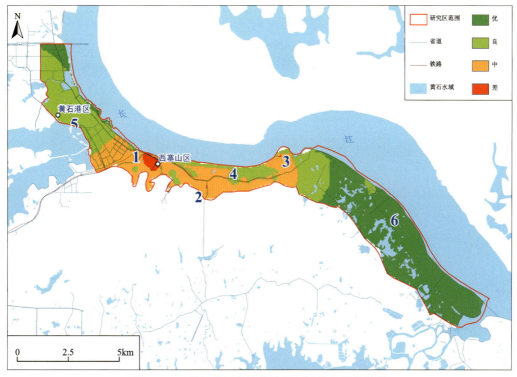

图 7-56 长江黄石段沿岸地质环境综合评价结果

长江黄石段沿岸地质环境综合评价结果共分为6个地区,具体地质环境评价内容如下。

1号地区主要位于西塞山区政府、红星三村,地质环境质量差的原因是土壤质量较全区最差,Cd、As部分超标,尤其Pb、Cd超标。1号地区属于构造剥蚀低山丘地区,地质构造发育较多,岩石较松散,为地质灾害的中易发区。因此,该地区突出的问题是土壤质量和突发性地质灾害,是城市发展限制地区。

2号地区位于黄石港钢铁厂以南的红光九村至红光十三村,地质环境质量差—中,存在一定的土壤质量变差,Pb、Cd部分超标问题。2号地区属于构造剥蚀低山丘地区,断裂较发育,基岩以薄层碳酸盐岩为主,岩石稳定性较差,目前已发现多处滑坡、不稳定斜坡、崩塌点,属于地质灾害高—中易发区。该地区突出的地质环境问题是突发性地质灾害,是城市发展限制地区。

3号地区位于西塞山风景区西侧,地质环境质量差—中,主要存在土壤质量变差、As超标问题。3号地区属于构造剥蚀低山丘地区,有一条断裂经过,岩石相对坚硬,已调查发现不稳定斜坡,属于地质灾害中—低易发区。该地区突出的地质环境问题是土壤重金属累积。

4号地区主要位于四新村、尚家湾等地,地质环境质量为中等,面积达到 10.7 km²。原因是这一地区相对水土环境质量一般,属于剥蚀残丘,地质灾害高易发。因此,该地区地质环境相对不太稳定,是城市发展可选择的地区。

5号地区位于黄石港区沈家营地区、景山村,以及西塞山区的黄家湾、周家湾等地,地质环境质量良好,面积达到 12.2 km²。这一地区水土质量良好,属于湖盆洼地,部分地区由于工程建设导致岩体不稳定,属于地质灾害高易发区。这一地区的城市发展应该优先治理突发性地质灾害,然后再进行城市建设。

6号地区位于西塞山区以东、风波港、黄家岗至河口镇,以及黄石港区沈家营街道以北西的沿江地区,地质环境质量优,面积达到 22.1 km²。这一地区水土质量属于《土壤环境质量 建设用地土壤污染风险管控标准(试行)》(GB 36600—2018)的相对安全范围,地质灾害不易发,或较低易发,岩石坚硬稳定,属于冲积洪积、湖盆洼地,地质环境稳定、安全。因此,该地区是城市发展优先选择地区。

五、生态发展对策建议

基于"长江大保护"的绿色廊道建设,应该更多地借鉴生态学中的"绿色廊道的理念",要维护生物多样性、涵养水源、调节气候等,以河、湖岸线为核心,统筹管理廊道内的山水林田湖草。以廊道内不同功能区划,结合土地利用现状为基础,通过合理布局、规划来发挥其最大的生态功能(图 7-57)。

1号地区(限制发展区)突出的问题是土壤质量和突发性地质灾害,是城市发展限制地区。这一地区应该增加能够改善土壤质量的植被,监测、治理突发性地质灾害,优化城市景观道路,控制交通流量,使得城市空间结构更加科学高效,减少交通运输带来的重金属元素沉淀。

2号地区(限制发展区)突出的地质环境问题是突发性地质灾害,是城市发展限制地区。应该加强对人类活动的控制,尤其是建设开发利用的控制,增加植被,提高植被覆盖率,涵养水土,通过工程、生态两方面保持岩体的稳定性。

3号地区(生态修复区)突出的地质环境问题是土壤质量变差。由于该地区属于风景名胜旅游景区,本身植被覆盖度较高,环境优美,可能是周边工业生产带来的影响,导致该地区土壤质量较差。应该调整植被种植类型,修复已有的重金属超标,如增加种植蜈蚣草等植物。

4号地区(优化改善区)地质质量中等,是城市发展可以选择的地区。这一地区主要承担了改善城市环境、景观、城市休闲功能,同时兼顾城市防洪功能。应该结合滨江道路的建设加强地质灾害防治,增加植被种植,尤其加强四季植被种植,塑造有特色的河岸绿化景观。

5号地区(城市休闲区)地质环境质量优,属于冲积、洪积、湖盆洼地,是城市发展的优先选择地区。在该地构建绿色廊道主要承担了改善城市环境、景观、城市休闲功能,同时兼顾城市防洪的功能。应该结合滨江道路的建设,进行河流驳岸的改造,打造滨江景观、亲水性设施建设,加强四季植物种植,塑造各种特色的绿化景观。

6号地区(生态涵养区)地质环境质量优,属于长江Ⅰ级阶地,主要承担防洪功能,同时兼顾景观的功能。应当加固防洪堤坝,建立滨江河滩地,形成自然的滞洪湿地生态系统,同时在

第七章 实例分析:湖北省黄石多要素城市地质调查

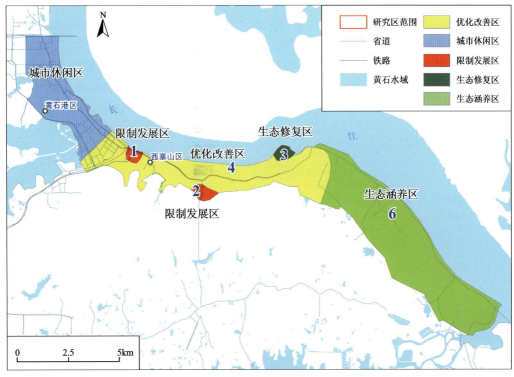

图 7-57 长江黄石段沿岸地质环境分区与生态发展对策建议

滨江带加强地表植被的种植,进行生态河岸的设计,建立近自然的湿地系统;根据调查还可以进行适当的特色农业生产。

第六节 专题五:城市三维模型与信息管理

黄石城市地质调查项目建立黄石城市地质数据库和黄石城市地质信息管理系统。黄石城市地质信息管理系统是以数据库技术、GIS技术、三维可视化技术及计算机网络技术为基础,集多专业多学科构建的城市三维地质信息综合管理与服务平台,实现了城市地质数据查询与处理、城市地质数据管理维护、城市地质数据分析应用、城市地质信息共享与服务、城市地质成果汇报与展示等功能。其中,黄石城市地质数据库包含基础地理、基础地质、工程地质、水文地质、地球物理、地质灾害、环境地质、地下空间等专业专题的基础数据和成果数据。数据类型涵盖表格数据、图形数据、文档报告、照片视频和三维模型等。

一、核心区三维结构模型

(一)建模技术路线

三维地质结构模型的建设流程包括两个部分,即建模准备和模型算法选择,技术路线图见

图 7-58。建模准备是根据已有现状建模数据情况，进行数据可利用性、完整性、不重复性筛选，纸质扫描、矢量化、编辑数据组织结构等数据重建，数据分类整理等一系列标准化处理过程，最后进行数据录入建库，便于三维地质结构建模直接使用。模型算法选择需要根据现状建模数据情况（钻孔、剖面、物化探测试数据等）、城市地质背景复杂程度、目标模型需求（基础地质、水文地质、工程地质等）、操作的繁琐程度等一系列条件来约束，进而选择单一模型或组合模型，确保选择的模型算法能最大限度地反映地下地质结构的真实场景，满足模型建设的需求。

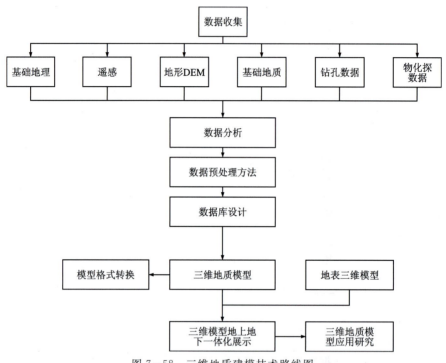

图 7-58 三维地质建模技术路线图

(二)建模数据需求

需要收集地质图件（基础地质图、基岩地质图、地貌地质图、水文地质图、工程地质图）、相关地质报告、地质剖面图（实测地层剖面、图切剖面）、地质钻孔数据等资料，直接或间接辅助三维地质建模（表 7-30）。

(三)建模技术方法选择

本次建模需要基础地质三维模型、工程地质三维模型及水文地质三维模型。前者采用隐式地质建模方法，能够合理地处理地层间的接触关系，快速高效地构建出基础地质模型，保证模型的客观性和真实性；后两者的岩石单元在核心区内较为稳定，成层性良好，因此采用基于钻孔的主 TIN 层状地质建模方法，能够自动快速地构建出三维地质模型，合理处理层间透镜体和尖灭地质现象。

第七章　实例分析：湖北省黄石多要素城市地质调查

表 7-30　三维地质建模数据需求表

数据类别	建模数据	数据格式			用途
地理数据	建模区域范围图	矢量数据			确定建模范围
	DEM 数据	分辨率越高越好			用于构建三维地形表面模型
地质图件及报告	1∶5 万地质图件（基础地质图、基岩地质图、地貌地质图、水文地质图、工程地质图）	地层、地层界线、地质构造线、断层及产状、活动构造、地层产状、岩体	水文地质特征点、特征界线、地下水类型、含水岩组等信息	岩体工程地质类型、土体工程地质类型、构造等信息	辅助建模
	地质报告（区域地质调查、工程地质调查、水文地质调查报告）	电子文本			了解区域地质背景信息，辅助建模
地质剖面图	实测地层剖面、图切剖面	剖面结构图、剖面线的平面布置图			人工交互建模控制建模精度
地质钻孔数据	工程地质钻孔、水文地质钻孔	孔号，孔口 X、Y、Z 坐标，孔深，分层顶板高度，分层底板高度，分层信息（地层、岩性等）			构建三维地质模型

1. 隐式建模方法

隐式建模方法将观测数据和地质知识在隐式框架中结合起来，该方法通过一个隐式函数的等值面建立地质界面，即在三维标量场中追踪网格或在四面体网格获得的一系列等值面代表地质界面。其中，最具代表性的建模方法为基于对偶协同克里金插值的位势场方法。隐式建模方法的核心基础为：利用地质界面点等式约束和产状数据的梯度方向约束，采用对偶协同克里金的插值方法（图 7-59）得到标量场。

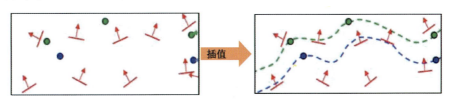

图 7-59　基于对偶协同克里金插值的位势场方法
注：绿色和蓝色小圆点为地层接触点，红色带箭头的符号为产状符号。

该方法能够使用 DEM、剖面、地质解释资料、钻孔等，并综合考虑了构造地质的参数，如倾角、倾向、走向、枢纽、轴面等，来构建地质体的几何模型。使用者还能够根据其对地质情况的理解，加入专家的理论经验，编辑修改模型，直到模型相对合理。

建模技术路线:首先,通过地质参考资料(区域地质报告、甘肃省岩石规范等)厘清地层的新老关系;其次,根据地层间的关系、地层与断层之间的关系以及断层间的关系确立地质规则;最后,综合建立标准地层柱状图。在此基础上,通过钻孔、地质剖面、地质图等建模要素的地层界线和产状信息进行势场插值,构建目标地质三维结构模型(图7-60)。

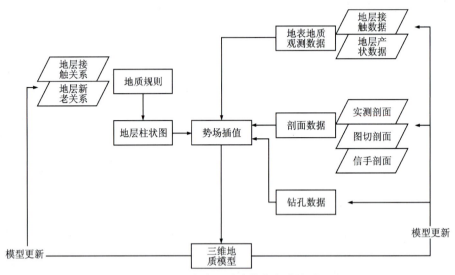

图7-60 隐式地质建模技术路线图

与显式界面建模方法相比,隐式地质建模有诸多显著的优势:①可以快速自动建模,加入更新信息后可以快速地更新模型,速度快是该方法最重要的优势;②隐式建模方法从方法原理上就防止地层重叠或者遗漏情况的发生,可以自动填补并支持任意拓扑的复杂几何界面,特别适用于生成一系列堆积界面(比如沉积地层),与显式界面建模相比,该方法具有抗噪声,适合任意定义的网格,建立的界面自然光滑,更加符合地质现实;③隐式建模方法将观测数据与地质约束在隐式框架下结合到一起,可以非常容易地处理地质约束(如不整合、超覆、退覆、侵入、断裂切割等)。

2. 基于钻孔的主TIN层状地质建模方法

建模思路及处理流程:钻孔数据具体包含钻孔的横纵坐标、孔口标高、钻孔深度、钻孔地层分层、钻孔取样信息、钻孔原位测试数据和室内样品测试数据等。

首先,对地形面进行模拟,可以根据钻孔口的 X、Y 坐标和高程信息提取钻孔口点,对这些离散点的高程进行插值运算,生成模拟地形表面的 TIN 面;其次,对于地下的地层面搜索钻孔上的分层节点,按照地层编号对每一层的底点高程进行插值运算,生成模拟该地层下底面的 TIN 面,若出现地层尖灭情况则根据钻孔信息提取尖灭地层的上、下界面范围,然后按照这个范围生成模拟该地层上、下界面的 TIN 面;最后,根据上、下界面的边界以及地层之间的叠覆关系等地质信息,绘制地层四周的边界,从而生成地层实体模型。基于钻孔的主 TIN 层状地质建模流程如图7-61所示。

建模方法的优势:这是一类在工程地质领域使用较早也比较成熟的建模方法;钻孔数据具有信息准确、数据量大的特点;本建模方法一般采用 TIN 面表示,对类似沉积型的简单地层建模很有效。

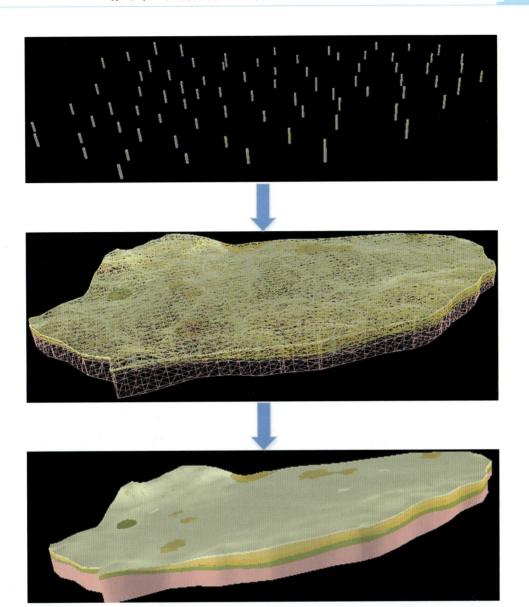

图 7-61 基于钻孔的主 TIN 层状地质建模流程示意图

(四)三维地质模型构建

1. 基础地质模型

构建标准地层:标准地层的建立是依据《湖北省岩石地层规范》和核心区所在图幅的区域地质调查报告的地层单元划分方案,对建模范围内出露地层情况进行梳理,并设置地层间的关系,即上、下地层是有严格的顺序的。

本次建模范围内共 3 个地层单元,即上白垩系—古近系公安寨组(K_2E_1g)、第四系上更新统(Qp^3)和第四系全新统(Qh),并给地质填图单元赋予地层分级编码,如表 7-31 所示。

表 7-31 基础地质标准地层表

顺序号	地层代号	地层分级编码
1	Qh	0100000000
2	Qp^3	0200000000
3	K_2E_1g	0300000000

设置地质应用规则：由于核心区地层结构稳定，未受新构造运动影响，只需要考虑地层的接触关系即可，地层间多为覆盖或侵蚀关系，如图 7-62 所示。

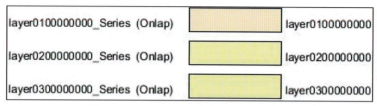

图 7-62　Geomodler 中标准地层柱状图

三维地质建模执行：首先，在厘清地层顺序及接触关系建立标准地层柱，设置好地质应用规则后，添加建模要素，包括 DEM、地层界线、地层产状、地质剖面、地质钻孔等要素，另外需要利用钻孔对剖面分层界线进行校正；其次，计算模型并输出三维地质结构模型；最后，比照地质资料，对三维地质结构模型进行检验和校正并更新，使其尽可能地符合现实情况（图 7-63）。

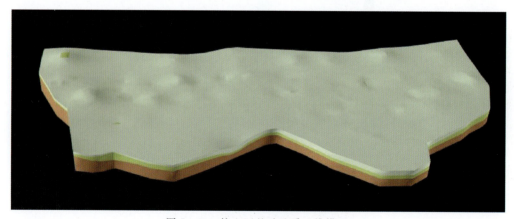

图 7-63　核心区基础地质三维模型

2. 工程地质结构模型

构建标准地层：本次参与工程地质三维模型建设的钻孔数据为 155 个，较为均匀地分布于核心区，点间距离普遍在 1.5～2km 之间，参考《岩土工程勘察规范》(GB 50021—2018)和调查钻孔实际岩性分层特征，建立出适合本地区的标准地层(表 7-32)。

第七章　实例分析：湖北省黄石多要素城市地质调查

表 7-32　工程地质标准地层表

顺序号	地层编号	地层时代	岩性名称
①1	0101000000	Qh	素填土
①2	0102000000	Qh	杂填土
①3	0103000000	Qh	淤泥质黏土
①4	0104000000	Qh	粉质黏土
②1	0201000000	Qp^3	粉质黏土
②2	0202000000	Qp^3	砂土
②3	0203000000	Qp^3	碎石土
③1	0301000000	K_2E_1g	强风化粉砂岩
③2	0302000000	K_2E_1g	中风化粉砂岩

工程地质建模执行：首先，利用地大建模软件导入钻孔数据库；其次，添加建模范围文件，设置模型参数（包括选择插值算法、建模级别等）；最后，自动计算生成工程地质三维模型（图 7-64）。

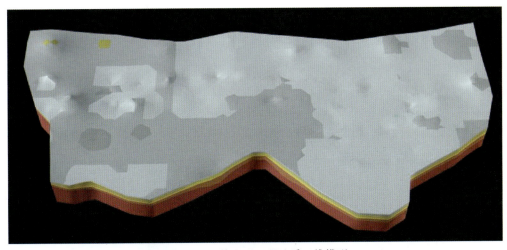

图 7-64　核心区工程地质三维模型

3. 水文地质结构模型

构建标准地层：本次参与水文地质三维模型建设的钻孔数据为 155 个，较为均匀地分布于核心区，点间距离普遍在 1.5~2km 之间，参考区域水文地质调查报告和调查钻孔实际水文地质分层特征，建立出适合本地区的标准地层（表 7-33）。

水文地质建模执行：首先，利用 MapGIS 建模软件导入钻孔数据库；其次，添加建模范围文件，设置模型参数（包括选择插值算法、建模级别等）；最后，自动计算生成水文地质三维模型（图 7-65）。

表 7-33　水文地质标准地层表

顺序号	地层编号	地层时代	岩性名称
1	0101000000	Q	第四系黏土、亚黏土隔水层
2	0102000000	Q	第四系松散孔隙含水层
3	0103000000	K_2—E	上白垩统—古近系风化裂隙含水层

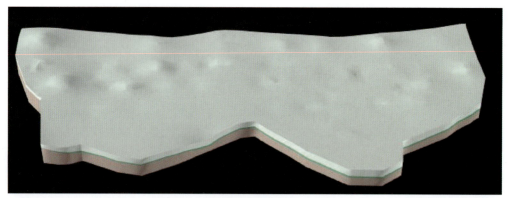

图 7-65　核心区水文地质三维模型

(五)模型空间分析

基于上述生成的三维地质模型,可对其进行空间分析,包括三维查询与度量分析、三维表面分析、三维网格离散性分析、三维网络分析、视觉景观分析等三维通用分析功能,还有模型编辑、模型拖拽、爆炸显示、剖切模型、隧道开挖和漫游、基坑挖掘、栅栏图制作等,具体操作有模型剥离、属性拾取、平面剖切等,如图 7-66 所示。

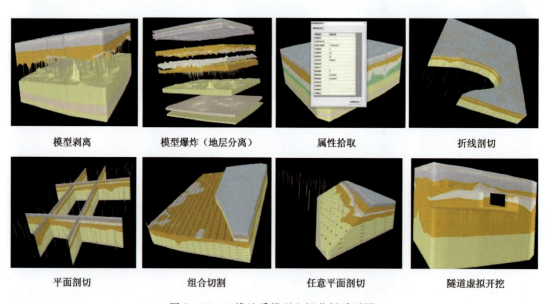

图 7-66　三维地质模型空间分析系列图

二、黄石城市地质信息管理系统

1. 系统架构

黄石城市地质信息管理系统基于 OpenGIS Web 的 GeoServer 开发 B/S 架构 WebGIS 平台，提供数据管理与维护、二维城市地质应用、三维综合应用以及数据服务功能模块（另有其他已建成功能模块），实现二维、三维地质数据一体化的管理、展示、分析应用和数据服务，系统支持标准 OGC 在线地图服务。总体架构主要包括数据库、基础服务以及功能系统集成三部分（图 7-67）。

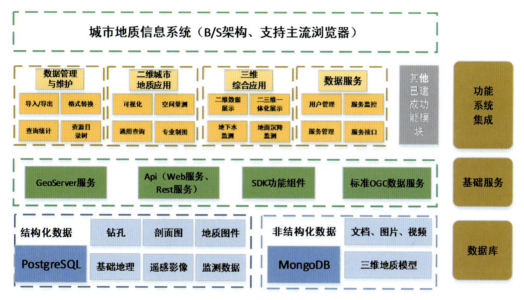

图 7-67 黄石城市地质信息管理系统架构图

数据库采用 OpenGIS Web 的 PostgreSQL 和 MongoDB 数据库联合存储管理结构化的空间数据、属性数据、非结构化的文档数据和地质三维结构模型数据，支持分布式节点管理，实现动态更新、协同管理功能。

基础服务基于底层数据库与 OpenGIS Web 的 GeoServer 软件进行开发、封装，提供相应的 API 接口及 SDK 功能组件，实现数据的管理、地图数据的发布及样式渲染，并提供标准的 OGC 数据服务。

功能系统集成完成数据管理与维护、WebGIS 环境下的二维城市地质应用、WebGIS 环境下的三维综合应用和数据服务模块的系统集成，实现数据综合管理、二维和三维场景可视化与图形编辑、多种专业分析工具和信息共享及动态信息发布的功能服务（图 7-68）。

2. 数据服务

数据服务平台全面整合了服务管理、服务监控、日志管理、用户管理等功能。管理维护人员全面对平台的服务、安全运行等环节进行掌握、管理、实时监控，对系统运行的关键信息进行

图 7-68　黄石城市地质信息管理系统首页

记录。服务平台提供的服务遵循 OGC 标准,支持各种不同 GIS 平台服务的聚合再发布,支持二次开发能力,为政府部门提供统一的、高效的地理信息服务。

(1)服务管理:服务管理把空间数据管理以及其他节点发布出来的 OGC 服务通过服务注册,还可以管理服务的元数据信息。

(2)服务接口:服务接口中展示服务注册后的服务详情、元数据信息的可视化浏览(图 7-69)。

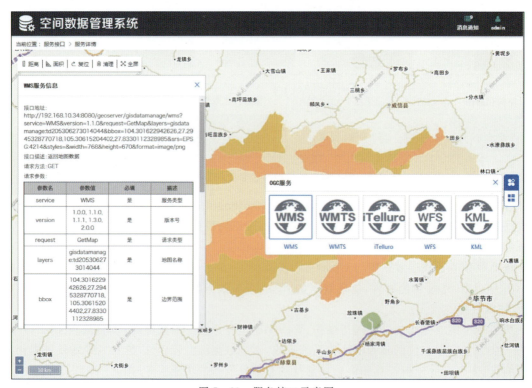

图 7-69　服务接口示意图

(3)服务监控:服务监控对服务平台提供的 OGC 服务的安全运行内容进行实时管理、监控。

(4)系统日志:系统日志是对系统运行的关键信息进行记录。

(5)SSO 用户管理:为各类应用提供在线使用平台的入口和统一登录认证。

思考题

1. 分组讨论自己家乡存在的城市地质问题,并查阅文献讨论解决问题的办法。

主要参考文献

曹晖,杨汉元,叶见玲,等,2019.国内外城市地质调查现状及对长沙市相关工作的启示[J].国土资源导刊,16(4):92-96.

曹剑锋,迟宝明,王文科,等,2006.专门水文地质学[M].北京:科学出版社.

陈从喜,2001.首届岩溶地区可持续发展国际学术会议暨IGCP448-世界岩溶生态系统对比国际工作组会议在北京召开[J].地质论评,47(6):583.

陈华文,2004.城市地质环境的经济学分析[M].上海:复旦大学出版社.

陈静,熊小强,郑伟锋,2009.城市工程地质研究现状与问题分析[J].建筑技术开发,36(11):31-32+38.

陈明,葛晓立,周国华,等,2003.缓变型地质灾害风险评估与防治[R].北京:北京国家地质实验测试中心.

程光华,翟刚毅,庄育勋,2013.中国城市地质调查技术方法[M].北京:科学出版社.

戴长雷,迟宝明,刘中培,2008.北方城市应急供水水源地研究[J].水文地质工程地质(4):42-46.

杜子图,翟刚毅,程光华,等,2010.当代城市地质调查现状与发展趋势[C]//城市地质与城市可持续发展——城市地质国际学术研讨会论文摘要汇编.[出版者不详]:16-20.

杜子图,翟刚毅,张家强,等,2005.对我国基础地质调查面临形势和任务的思考[C]//地质工作战略问题研究——中国地质矿产经济学会青年分会2005年年会学术论文集.北京:中国大地出版社:64-74.

方国平,2018.浅析海绵城市建设的难点与对策[J].中华建设(10):72-73.

封志明,杨艳昭,闫慧敏,等,2017.百年来的资源环境承载力研究:从理论到实践[J].资源科学,39(3):379-395.

冯小铭,郭坤一,王爱华,等,2003.城市地质工作的初步探讨[J].地质通报,22(8):571-579.

高吉喜,2001.可持续发展理论探索:生态承载力理论、方法与应用[M].北京:中国环境科学出版社.

高湘昀,安海忠,刘红红,2012.我国资源环境承载力的研究评述[J].资源与产业,143(6):116-120.

高亚峰,高亚伟,2007.我国城市地质调查研究现状及发展方向[J].城市地质,2(2):1-8.

耿宇,孙玉香,2005.城市发展中存在的问题与发展趋势[J].城市环境与城市生态(1):30-32.

《工程地质手册》编委会,2018.工程地质手册[M].5版.北京:中国建筑工业出版社.

郭飞,葛成,韩宇,2012.嵌入式马尔科夫链的地质属性建模与应用[J].地理与地理信息科学,28(1):47-50.

郭轲,王立群,2015.京津冀地区资源环境承载力动态变化及其驱动因子[J].应用生态学报,26(12):3818-3826.

郭萌,张雪,2018.城市地质工作体系研究[J].城市地质,13(2):13-17.

韩文峰,宋畅,2001.我国城市化中的城市地质环境与城市地质作用探讨[J].天津城市建设学院学报(1):1-5.

郝爱兵,林良俊,陈斌,2017b.陆海统筹推进海岸带地质调查[J].水文地质工程地质,44(3):3.

郝爱兵,林良俊,李亚民,2017a.大力推进多要素城市地质调查精准服务城市规划建设运行管理全过程[J].水文地质工程地质,44(4):3.

郝爱兵,石菊柱,乐琪浪,等,2017c.坚持示范引领定位从地质灾害调查走向灾害地质调查[J].水文地质工程地质,44(6):1.

何静,何晗晗,郑桂森,等,2019.北京五环城区浅部沉积层的三维地质结构建模[J].中国地质,46(2):244-254.

何庆成,2020.RS和GIS技术集成及其应用[J].水文地质工程地质(2):44-46.

何中发,2010.城市地质研究现状及发展趋势[J].上海地质,31(3):16-22+48.

河海大学《水利大辞典》编辑修订委员会,2015.水利大辞典[M].上海:上海辞书出版社.

洪乃静,张晓霞,2006.关于地热资源勘查及评价方法的讨论[J].地热能(2):5.

侯惠菲,高亚峰,王栓庄,等,2004.城市地质调查内容及其发展[J].北京地质,16(3):6.

黄宗理,2005.认清形势努力加强地方国土资源科技工作:在地方国土资源科技工作会议上的讲话[J].国土资源科技管理,22(1):4.

经卓玮,马友华,张贵友,等 2014.资源环境承载力研究综述[J].农业科学与技术(英文版)15(10):1789-1792.

亢舒,2015.我国明确海绵城市建设"时间表"[N].经济日报,2015-10-10(10).

雷明堂,项式均,1997.近20年来中国岩溶塌陷研究回顾[J].中国地质灾害与防治学报(S1):9-13.

李苍松,2006.岩溶地质分形预报方法的应用研究[D].成都:西南交通大学.

李静,赵帅,2016.城市三维地质建模在砂土液化分析中的应用:以通州为例[J].中国矿业,25(5):164-168+174.

李烈荣,王秉忱,郑桂森,2012.我国城市地质工作主要进展与未来发展[J].城市地质,7(3):1-11.

李平,2007.综合利用建筑垃圾,大力发展循环经济[J].特区实践与理论,167(6):84-87+91.

李万伦,2005.城市地质学综述[J].国土资源科技管理,22(6):59-63.

李亦纲,曲国胜,陈建强,等,2005.城市钻孔数据地下三维地质建模软件的实现[J].地质通报(5):470-475.

李友枝,庄育勋,蔡纲,等,2003.城市地质:国家地质工作的新领域[J].地质通报,22(8):589-596.

廖资生,余国光,张长林,1990.北方岩溶水源地的基本类型和资源评价方法的选择[J].中国岩溶(2):130-138.

刘辉,卫万顺,王继明,等,2017.城市区域地质条件适宜性评价方法初探[J].城市地质,12(3):1-6.

刘明,李灿,黄萌萌,2017.基于资源环境承载力评价的土地利用功能分区研究[J].环境科学与管理,231(2):179-184.

吕敦玉,余楚,侯宏冰,等,2015.国外城市地质工作进展与趋势及其对我国的启示[J].现代地质,29(2):8.

罗国煜,李晓昭,阎长虹,2004.我国城市地质研究的历史演化与发展前景的认识[J].工程地质学报,12(1):1-5.

罗攀,2003.人为物质流及其对城市地质环境的影响[J].中山大学学报(自然科学版)(6):120-124.

罗勇,2016.中国城市发展引发的地质问题与绿色对策[J].城市观察,43(3):137-143.

罗跃初,郝爱兵,2011."十一五"期间环境地质工作进展综述[C]//环境地质专业委员会."十一五"地质科技和地质找矿学术交流会论文集.北京:环境地质专业委员会:235-238.

麻晓东,2017.科技承载梦想,创新改变未来——海绵城市[EB/OL].[2017-03-02]. https://www.cas.cn/kx/kpwz/201703/t20170303_4592127.shtm.

马建军,黄林冲,陈万祥,等,2021.工程地质与水文地质[M].广州:中山大学出版社.

马健,2020.综合物探方法在城市应急水源地调查评价中的应用[J].水文(5):49-53.

孟飞,2018.我们需要什么样的"安全城市"[N].经济日报,2018-07-24(18).

齐岩辛,许红根,江隆武,等,2004.地质遗迹分类体系[J].资源 & 矿业,6(3):55-58.

秦成,王红旗,田雅楠,等,2011.资源环境承载力评价指标研究[J].中国人口·资源与环境,136(S2):335-338.

宋刚,2012.从数字城管到智慧城管:创新 2.0 视野下的城市管理创新[J].城市管理与科技,14(6):11-14.

宋刚,邬伦,2012.创新 2.0 视野下的智慧城市[J].城市发展研究,19(9):53-60.

孙红丽,伍振国,2017.中科联化携手都佰城开启"海绵城市"材料实质性应用[EB/OL].[2017-08-26]. http://house.people.com.cn/n1/2017/0826/c164220-29496237.htm.

孙培善,2004.城市地质工作概论[M].北京:地质出版社.

唐辉明,2006.地质环境与城市发展研究综述[J].工程地质学报,14(6):728-733.

陶晓风,吴德超,2019.普通地质学[M].北京:科学出版社.

汪自书,苑魁魁,吕春英,等,2016.资源环境约束下的北京市人口承载力研究[J].中国人口·资源与环境,189(S1):351-354.

王慧军,张晓波,李海龙,等,2019.中国城市地质发展历程与特点:兼谈惠州城市地质发展前景[J].地质论评(5):12.

王学德,2006.城市地质研究发展概况[J].城市地质,1(2):1-3.

王亚辉,赵鹏,张晓花,等,2014.三维可视化观测系统设计技术在承德复杂山地工区中的应用[J].内蒙古石油化工(1):140-142.

王瑛,唐善茂,2009.论城市可持续发展与传统工业园区的转型[J].经济经纬(3):51-54.

王芸生,1987.中国地质学会环境地质专业委员会成立暨学术交流大会在京召开[J].地质论评(4):393-394.

魏加华,李慈君,王光谦,等,2003.地下水数值模型与组件 GIS 集成研究[J].吉林大学学报(地球科学版),33(4):534-538.

吴冲龙,刘刚,何珍文,等,2016.城市地质环境信息系统[M].北京:科学出版社.

武汉市测绘研究院,2019.武汉城市地质[M].武汉:中国地质大学出版社.

许光清,2006 城市可持续发展理论研究综述[J].教学与研究(7):87-92.

薛永玮,2020.五中全会首提建设"韧性城市"旨在提升现代城市风险防控能力[EB/OL].[2020-11-04].http://finance.sina.com.cn/china/gncj/2020-11-04/doc-iiznezxr9881343.shtml.

杨春玲,邢世录,韩爱中,2007.地下水系统数值模拟的研究进展[J].内蒙古科技与经济(151):305-307.

杨洪祥,佟智强,刘浩,等,2019.城市地质调查的过去与未来[J].科技经济导刊(30):3.

叶淑君,吴吉春,薛禹群,等,2005.上海地区土层沉降模型研究[C]//中国地质学会.全国地下水资源与环境研讨会论文·摘要.海口:中国地质学会:611-616.

殷跃平,2002.关于水工环地质调查工作的思考[J].国土资源科技管理,19(2):1-4.

俞孔坚,2015.美丽中国的水生态基础设施:理论与实践[J].鄱阳湖学刊(10):5-18.

曾平,刘琼,2006.流域水资源:走向综合管理之路[J].今日中国,55(9):12-14.

翟刚毅,2004.历史重任在肩成果功勋卓著(序)[J].地质通报,23(1):1-4.

翟刚毅,程光华,胡健民,2010.中国城市地质调查内容与方法[C]//中国地质学会,2010年城市地质国际学术研讨会论文集.上海:中国地质学会:83-86.

张洪涛,2003.城市地质工作:国家经济建设和社会发展的重要支撑(代序)[J].地质通报,22(8):549-550.

张军强,2012.基于 ArcGIS Engine 的地上下集成建模关键技术研究[D].武汉:中国地质大学(武汉).

张俊军,许学强,魏清泉,1999.国外城市可持续发展研究[J].地理研究(2):96-102.

张茂省,2007.黄土地质灾害影响因素研究[J].工程地质学报,15(S1):130-140.

张翔,2015.国外建设"海绵城市"面面观[N].经济日报,2015-8-05(5).

张昭,慕焕东,邓亚虹,2016.城市工程与水文地质[M].北京:科学出版社.

郑桂森,王继明,何静,等,2017b.地下空间资源的属性特征[J].城市地质,12(4):1-5.

郑桂森,卫万顺,刘宗明,等,2018a.城市地质学理论研究[J].城市地质,13(2):1-12.

郑桂森,卫万顺,王继明,等,2018b.城市区域地质条件适宜性评价定量化指标研究[J].城市地质,13(1):9-17.

郑桂森,徐吉祥,吕金波,等,2017a.北京西山大石河山峡阶地发育特征[J].地质通报,266(7):1251-1258.

中国地质学会城市地质研究会,2005.中国城市地质[M].北京:中国大地出版社.

周爱国,周建伟,梁合诚,等,2008.地质环境评价[M].武汉:中国地质大学出版社.

周斌,杨庆光,梁斌,2019.工程地质学[M].北京:中国建材工业出版社.

周楠,2015.明天,我们住什么样的城市:聚焦海绵城市建设[EB/OL].[2015-10-17].http://www.xinhuanet.com/politics/2015-10/17/c_128327284.htm.

周璞,王昊,刘天科,等,2017.自然资源环境承载力评价技术方法优化研究:基于中小尺度的思考与建议[J].国土资源情报,194(2):19-24+18.

周毅,2009.城市化理论的发展与演变[J].城市问题,172(11):27-30+97.

朱作荣,胡振瀛,1991.重庆市地下交通方案的选择问题[J].地下空间(4):279-287.

BUTTON K J.城市经济学[J].成斯适,译.现代外国哲学社会科学文摘,1981(2):23-26.

ELLEN C S,1911. Influences of geographic environment:on the basis of Ratzel's system of anthropo-geography[M]. New York:Henry Holt and Co.

GERARDO HERRERA-GARCIA,PABLO E,ROBERTO T,et al.,2021. Mapping the global threat of land subsidence[J]. Science,371(6524):34-36.

HE B J,ZHU J,ZHAO D X,et al.,2019. Co-benefits approach:opportunities for implementing sponge city and urban heat island mitigation[J]. Land Use Policy(86):147-157.

MILTON FRIEDMAN,GEORGE J S,1946. Roofs or Ceilings? The current housing problem[M]. New York:The Foundation For Ecnomic Educatin,Inc. IRVINGTON-ON-HUDSON.

NIJKAMP P,PERREL A,1994. Sustainable cities in European[M]. London:Earthscan Publications Limited.

TAKASHI T,OSAMU T,SATOKO W,et al.,2013. Lithology distribution model of point-bar dominated meandering river deposits for uncertainty quantification[J]. Journal of the Geological Society of Japan,119(8):9-10.

TJALLINGII S P,1995. Ecopolis:strategies for ecologically sound urban development[M]. Leiden:Backhuys Publishers.

WALTER B,ARKIN L,CRENSHA R,1992. Sustainable cities:concepts and strategies for eco-city development[M]. Los Angeles:Eco-Home Media.

YIFTACHEL O,HEDGCOCK D,1993. Urban social sustainability:the planning of an Australian city[J]. Cities,10(2):139-157.